普通高等教育工业设计专业"十二五"规划教材

工业设计模型制作

杜海滨　胡海权　编著

中国水利水电出版社
www.waterpub.com.cn

内 容 提 要

本书是结合当前国内产品模型塑造的主要理论和实践，主要讲授了产品设计模型的范围、对象与特征，探寻认知、设计发展规律，培养学生产品设计能力、手工制作能力及先进设备的操作能力和产品创新能力。全书以实践教学为主线，重点选择了目前工业设计模塑应用最广泛的 ABS 塑料、挤塑板、密度板和油泥等常用材料，讲授了它们的制作流程及制作方法，加强学习者的三维想象和设计构思表达能力，特别是让学习者形成产品模型制作的思维方法。

本书适用于工业设计和产品设计专业的师生作为教材，也可供有兴趣的读者作为参考。

图书在版编目（ＣＩＰ）数据

工业设计模型制作 / 杜海滨，胡海权编著. -- 北京
: 中国水利水电出版社，2012.1（2014.1重印）
普通高等教育工业设计专业"十二五"规划教材
ISBN 978-7-5084-9189-9

Ⅰ．①工… Ⅱ．①杜… ②胡… Ⅲ．①工业产品－模型－制作－高等学校－教材 Ⅳ．①TB476

中国版本图书馆CIP数据核字(2011)第281431号

书　　名	普通高等教育工业设计专业"十二五"规划教材 **工业设计模型制作**
作　　者	杜海滨　胡海权　编著
出版发行	中国水利水电出版社 （北京市海淀区玉渊潭南路1号D座　100038） 网址：www.waterpub.com.cn E-mail: sales@waterpub.com.cn 电话：（010）68367658（发行部）
经　　售	北京科水图书销售中心（零售） 电话：（010）88383994、63202643、68545874 全国各地新华书店和相关出版物销售网点
排　　版	北京时代澄宇科技有限公司
印　　刷	北京鑫丰华彩印有限公司
规　　格	210mm×285mm　16开本　7印张　172千字
版　　次	2012年1月第1版　2014年1月第2次印刷
印　　数	3001—6000册
定　　价	35.00元

凡购买我社图书，如有缺页、倒页、脱页的，本社发行部负责调换

丛书编写委员会

主任委员： 刘振生　李世国

委　　员： （按拼音排序）

普通高等教育工业设计专业"十二五"规划教材
参编院校

清华大学美术学院	天津理工大学
江南大学设计学院	哈尔滨理工大学
北京服装学院	中国矿业大学
北京工业大学	佳木斯大学
北京科技大学	浙江理工大学
北京理工大学	青岛科技大学
大连民族学院	中国海洋大学
鲁迅美术学院	陕西理工大学
上海交通大学	嘉兴学院
杭州电子科技大学	杭州职业技术学院
山东工艺美术学院	浙江工商职业技术学院
山东建筑大学	义乌工商学院
山东科技大学	郑州航空工业管理学院
广州大学	中国计量学院
河海大学	中国石油大学
南京航空航天大学	长春工业大学
郑州大学	天津工业大学
长春工程学院	昆明理工大学
浙江农林大学	北京工商大学
兰州理工大学	扬州大学
辽宁工业大学	广东海洋大学

工业设计的专业特征体现在其学科的综合性、多元性及系统复杂性上，设计创新需符合多维度的要求，如用户需求、技术规则、经济条件、文化诉求、管理模式及战略方向等，许许多多的因素影响着设计创新的成败，较之艺术设计领域的其他学科，工业设计专业对设计人才的思维方式、知识结构、掌握的研究与分析方法、运用专业工具的能力，都有更高的要求，特别是现代工业设计的发展，在不断向更深层次延伸，愈来愈呈现出与其他更多学科交叉、融合的趋势。通用设计、可持续设计、服务设计、情感化设计等设计的前沿领域，均表现出学科大融合的特征，这种设计发展趋势要求我们对传统的工业设计教育作出改变。同传统设计教育的重技巧、经验传授，重感性直觉与灵感产生的培养训练有所不同，现代工业设计教育更加重视知识产生的背景、创新过程、思维方式、运用方法，以及培养学生的创造能力和研究能力，因为工业设计人才的能力是发现问题的能力、分析问题的能力和解决问题的能力综合构成的，具体地讲就是选择吸收信息的能力、主体性研究问题的能力、逻辑性演绎新概念的能力、组织与人际关系的协调能力。学生们这些能力的获得，源于系统科学的课程体系和渐进式学程设计。十分高兴的是，即将由中国水利水电出版社出版的"普通高等教育工业设计专业'十二五'规划教材"，有针对性地为工业设计课程教学的教师和学生增加了学科前沿的理论、观念及研究方法等方面的知识，为通过专业课程教学提高学生的综合素质提供了基础素材。

这套教材从工业设计学科的理论建构、知识体系、专业方法与技能的整体角度，建构了系统、完整的专业课程框架，此一种框架既可以被应用于设计院校的工业设计学科整体课程构建与组织，也可以应用于工业设计课程的专项知识与技能的传授与培训，使学习工业设计的学生能够通过系统性的课程学习，以基于探究式的项目训练为主导、社会化学习的认知过程，学习和理解工业设计学科的理论观念，掌握设计创新活动的程序方法，构建支持创新的知识体系并在项目实践中完善设计技能，"活化"知识。同时，这套教材也为国内众多的设计院校提供了专业课程教学的整体框架、具体的课程教学内容以及学生学习的途径与方法。

这套教材的主要成因，缘起于国家及社会对高质量创新型设计人才的需求，以及目前我国新设工业设计专业院校现实的需要。在过去的20余年里，我国新增数百所设立工业设计专业的高等院校，在校学习工业设计的学生人数众多，亟需系统、规范的教材为专业教学提供支撑，因为设计创新是高度复杂的活动，需要设计者集创造力、分析力、经验、技巧和跨学科的知识于一起，才能走上成功的路径。这样的人才培养目标，需要我们的设计院校在教育理念和哲学思考上做出改变，以学习者为核心，所有的教学活动围绕学生个体的成长，在专业教学中，以增进学生的创造力为目标，以工业设计学科的基本结构为教学基础内容，以促进学生再发现为学习的途径，以深层化学习为方法，以跨学科探究为手段，以个性化的互动为教学方式，使我们的学生在高校的学习中获得工业设计理论观念、专业精神、知识技能以及国际化视野。这套教材是实现这个教育目标的基石，好的教材结合教师合理的学程设计能够极大地提高学生的学习效率。

改革开放以来，中国的发展速度令世界瞩目，取得了前人无以比拟的成就，但我们应当清醒地认识到，这是以量为基础的发展，我们的产品在国际市场上还显得竞争力不足，企业的设计与研发能力薄弱，产品的设计水平同国际先进水平仍有差距。今后我国要实现以高新技术产业为先导的新型产业结构，在质量上同发达国家竞争，企业只有通过设计的战略功能和创新的技术突破，创造出更多自主品牌价值，才能使中国品牌走向世界并赢得国际市场，中国企业也才能成为具有世界性影响的企业。而要实现这一目标，关键是人才的培养，需要我们的高等教育能够为社会提供高质量的创新设计人才。

从经济社会发展的角度来看，全球经济一体化的进程，对世界各主要经济体的社会、政治、经济产生了持续变革的压力，全球化的市场为企业发展提供了广阔的拓展空间，同时也使商业环境中的竞争更趋于激烈。新的技术及新的产品形式不断产生，每个企业都要进行持续的创新，以适应未来趋势的剧烈变化，在竞争的商业环境中确立自己的位置。在这样变革的压力下，每个企业都将设计创新作为应对竞争压力的手段，相应地对工业设计人员的综合能力有了更高的要求，包括创新能力、系统思考能力、知识整合能力、表达能力、团队协作能力及使用专业工具与方法的能力。这样的设计人才规格诉求，是我们的工业设计教育必须努力的方向。

从宏观上讲，工业设计人才培养的重要性，涉及的不仅是高校的专业教学质量提升，也不仅是设计产业的发展和企业的效益与生存，它更代表了中国未来发展的全民利益，工业设计的发展与时俱进，设计的理念和价值已经渗入人类社会生活的方方面面，在生产领域，设计创新赋予企业以科学和充满活力的产品研发与管理机制；在商业流通领域，设计创新提供经济持续发展的动力和契机；在物质生活领域，设计创新引导民众健康的消费理念和生活方式；在精神生活领域，设计创新传播时代先进文化与科技知识并激发民众的创造力。今后，设计创新活动将变得更加重要和普及，工业设计教育者以及从事设计活动的组织在今天和将来都承担着文化和社会责任。

中国目前每年从各类院校中走出数量庞大的工业设计专业毕业生，这反映了国家在社会、经济以及文化领域等方面发展建设的现实需要，大量的学习过设计创新的年轻人在各行各业中发挥着他们的才干，这是一个很好的起点。中国要由制造型国家发展成为创新型国家，还需要大量的、更高质量的、充满创造热情的创新设计人才，人才培养的主体在大学，中国的高等院校要为未来的社会发展提供人才输出和储备，一切目标的实现皆始于教育。期望这套教材能够为在校学习工业设计的学生及工业设计教育者提供参考素材，也期望设计教育与课程学习的实践者，能够在教学应用中对它做出发展和创新。教材仅是应用工具，是专业课程教学的组成部分之一，好的教学效果更多的还是来自于教师正确的教学理念、合理的教学策略及同学习者的良性互动方式上。

2011 年 5 月
于清华大学美术学院

前　言
Preface

　　模型制作课程作为工业设计专业的必修课和基础课，一直以来都是我国各大美术与设计院校的工业设计专业重点课程。本书对学习工业设计的学生和读者，提出了确切的、行之有效的模塑学习方法和参考依据。除此之外，本教材在设计思维、脑手协调、形态敏感度等诸多内在方面，提出了关于模型制作课程教学的新见解对学习者十分有益。

　　本书结合了当前国内产品模型塑造的主要理论和实践，主要讲授产品设计模型的范围、对象与特征，探寻认知、设计发展规律，培养学生产品设计能力、手工制作能力、先进设备的操作能力和产品创新能力。为了确定该课程教学内容，笔者去多个学校进行了调研，并结合当前工业设计专业发展的新需求，对该课程进行拟定。在内容上，笔者把重点放在目前工业设计模塑应用最广泛的 ABS 塑料、挤塑板、密度板和油泥等常用材料上（因为这些材料基本可以作为各类型材料的代表），讲授使用这些材料的制作流程及制作方法，突出培养学习者的三维想象和设计构思表达能力，特别是形成了产品模型制作的思维方法，这些都是很重要的。

　　模型制作是产品设计过程中的一种立体表现形式，是一种最贴近人的三维感觉的设计表现，同时对于设计本身来说，它又是一种思考的过程，这种思考过程具有其他形式不可替代性，它是独特的。因为从本质而言，工业产品的设计是以立体的产品为目标的造型活动，虽然设计师能通过平面的表述，如草图和效果图来表达设计意图，但毕竟受到二维空间的局限，不可能充分和完全真实地表现产品确切的形态特征和细部结构。如同雕塑家只画草图而不做立体草稿就不可能创作出好的作品一样，产品的设计过程也是这样。产品模型是立体的实物，人们可以从模型上切实地看到构想中产品的形态、结构、色彩、机理和质感等外在特征。任何不完善的地方在模型上都无法隐蔽或被"虚处理"。作为设计师的专业语言，模型制作表现的作用不仅仅是描述或渲染某个已完成设计的技术手段，更是进行造型思考的一种语言形式。就如手绘表现一样，绘图的目的不仅仅是画一手漂亮的图，更为重要的是设计思考的过程。实际上，产品的模型制作有利于开发学习者的以下能力：①视觉精度方法——通过训练提升观察能力；②立体思考方法——通过训练并建立三维的分析与理解的思考能力；③手与脑的协调运用——使学习者逐步形成一套能用于以后从事设计活动的整体视觉思维的能力。

　　只有用心来体验塑造之时，才是真正体验设计之日。人们对物体存在的状态产生感知，最终就会唤起视觉上的张力来增加作品的表现力。无论是产品形态的表现，还是形态思维的逻辑演绎，最终都会成就一个让人怦然心动的、别样的产品形态。这也是好的设计师做出好设计的必然之路。

　　作为教材，尤其是讲述产品模型制作的教材，做到面面俱到是很难的，因为不论是工具还是材料，只要合适就可以拿来进行制作表达，不应有过分的约束。因此，在产品设计的模型塑造过程中，形体生成往往要面临某些十分具体的条件，而每一个设计项目内容的不同，所涉及的限制条件也有所不同，有时是结构上的，有时是工艺和材料上的等。因此，这就需要学习者举一反三，以不变应万变。

本书模型制作课程训练的课题设置，是从概括后的典型内容入手，也就是上述的"不变"，再通过有步骤的训练逐一掌握其表现规律。

编者

2011 年 9 月

作者简介 <<<<

杜海滨　鲁迅美术学院教授，鲁迅美术学院工业设计系主任，工业设计国家级实验教学示范中心主任
　　　　E-mail: dhb_lmg@126.com

主要专业方向包括设计基础、产品设计、形态美学、交通机具设计、产品动画创意研究，以及产品项目研发与团队管理；

2001 年赴法国国家艺术中心访问交流；

2006 年赴美国罗德岛艺术学院考察学习；

现为中国美术家协会工业设计艺术委员会委员、中国工业设计协会理事、中国机械工程学会工业设计第五届委员会理事、辽宁省经济文化发展促进会理事；

曾主持 10 余项省部级科研课题，主持出版教材 10 余部，发表学术论文 20 余篇。

胡海权　现任教于鲁迅美术学院工业设计系
　　　　E-mail: huhaiquan95@126.com

2000 年 9 月 ~ 2003 年 7 月在鲁迅美术学院工业设计系攻读硕士学位；

2001 年参加德国雷曼《设计基础 Work Shop》研修（北京）；

2002 年参加日本佐野邦雄、清水吉治《设计方法与技法》研修（东莞）；

2003 年 7 月鲁迅美术学院工业设计系研究生毕业，留校任教；

2004 年 8 月作品《R90—Ⅱ轻型直升飞机》获"第十届全国美术作品展"铜奖；

2006 年 9 月美国罗德岛美院短期学习，并考察洛杉矶艺术中心，旧金山美院等；

2008 年作品《悬臂式掘进机设计》获首届辽宁省艺术设计作品展银奖；

2009 年作品《云轨》获"第十一届全国美术作品展"铜奖；

2010 年作品《偏远农村医务车》获第二届辽宁省艺术设计作品展金奖；

2011 年作品《90 Degree》获德国红点 2011 year's red dot award: design concept。

目 录
Contents

第1章
Chapter1

模型塑造概念

1.1 工业设计的流程

模型塑造对于工业设计而言，是工业设计过程中的一个环节，本节将了解工业设计的流程，了解一个成功设计项目中的不同阶段。

（1）设计师开始进行前期调查，资料收集和研究工作，发现主要需要解决的问题，开始着手竞争性分析，拟定策略，使项目计划得以发展。

（2）此阶段工作的核心是创意，设计师将前一阶段调查所得的信息资料进行分析总结，提出具有创新性的解决方案。提出概念，创意和预想，本阶段多是 2D 的草图或渲染图。

（3）制作预想定案的草模型及概念设计原型，以探讨方案的可行性与多种可能性。取得肯定后，进而制作设计的展示模型，以更加细致的方式检查设计方案的可行性与否。

（4）设计师通过外观模型的体验式评价，对其创意的可行性加以论证，并通过优化，协调该产品在外观、颜色、细节、特性以及功能等方面的复杂关系，从而使该创意更具可操作性。

（5）选定材料，确定生产工艺和技术结构运用三维辅助设计完成具体的设计工作，制作出样品。

可见，工业设计的模型塑造在整个设计过程中起到了一个关键的作用，就是把创意的概念由 2D 转变为 3D 的状态。3D 的存在状态对于工业设计来讲至关重要，因为工业设计的最终结果就是交付消费者使用的实物三维状态，所以三维的模型在产品投放市场之前的方案检测作用就不言而喻了。从设计的过程来看，制作一个模型可以说是产品早期设计中不可替代也不可省略的步骤。因为模型制作并不是简单地将设计构想由二维转换为三维实体的过程，而是要求设计师直接以三维实体的方式进行思考和创意。同时也是提升设计师三维空间构型能力，培养设计师从整体上考虑产品各部分形体、形态、结构和色彩搭配等彼此之间的关系，以及与环境空间彼此融洽的关系，是衡量设计师素质和能力水平的依据之一，也是设计师必备的立体表达能力之一。

在产品正式投入生产和销售之前的产品设计初期，需要制作草模来进行研讨。在产品设计的过程中还要制作出此案产品结构特点的功能性模型。设计方案确定后，还要制作体现设计创意的表现性。从制作各种不同类型的模型中，事先不断解析产品形态、功能、结构和色彩等要素，表现设计意图，把握产品设计的目标定位方向，为新产品投入生产提供有效而可靠的依据，以减少产品研发成本。模型制作的过程不仅渗透着设计师对产品的理解，而且也是设计师设计思想，设计创造的体现。同时实践证明，模型制作是一种行之有效的设计方法，也是一种极具创造性、寓意深刻的综合性设计过程（见图1-1）。

图1-1　模型工作室

1.2　模型塑造的概念

模型塑造是产品设计过程中的一种表现形式，是一种最贴近人的感觉的三维设计表现，同时它也是设计师设计思考创造的过程。

那么设计表现是什么呢？即设计师在进行设计的过程中运用各种媒介、技巧和手段来说明设计构思即设计信息的一种工作，如上节所述创意阶段的2D概念草图、虚拟3D的2D渲染图和3D模型塑造几种方式。产品设计师在设计的产品正式投产之前，除了通过模型求证自己的设计优劣之外，也必须向与产品生产有关的人员，诸如企业决策人员、工程技术人员、营销管理人员，以及使用产品的消费者等求证，说明该产品的产品设计的有关因素，以便其作出评价与建议。模型是人通过感官直接感受到3D模型的设计说明和陈述的最佳形式（见图1-2）。

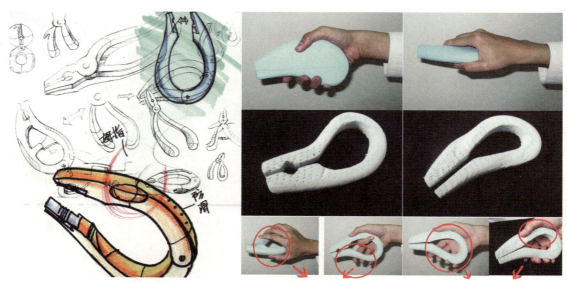

图1-2（一）　模型塑造的三维思考过程示意图
（作者：崔旭，指导教师：胡海权）

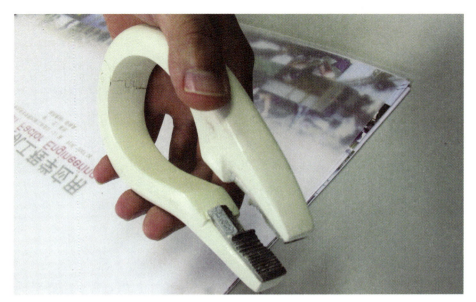

图 1-2（二） 模型塑造的三维思考过程示意图
（作者：崔旭，指导教师：胡海权）

1.3 模型塑造的目的、意义和功能

1.3.1 模型塑造的目的

通过有步骤的塑造课题教学训练，首先要掌握模型材料的特点特性，制作的原理与技术技巧，更为重要的是要提升脑与手的协调造型能力，加强形体观念，从触觉这一层面上增强对设计的理解和再认识。

1.3.2 模型塑造的意义

从本质而言，工业产品的设计是以立体的产品为目标的造型活动。虽然设计师能通过平面的表述，如草图和效果图来表达设计意图，但毕竟受到二维空间的局限，不可能充分地和完全真实地表现产品确切的形态特征和细部细节。而模型是立体的实物，人们可以从模型上切实地看到构想中产品的形态、结构、色彩、肌理和质感等外在特征。任何不完善的地方在模型上都无法隐蔽或被"虚处理"。因此，在设计的过程中，借助模型来发展和完善设计的方案，借助模型来观察和研究产品设计上的问题是十分有效的。具体意义有下列内容。

1. 说明性

以三维的形体来表现设计意图与形态，是模型的基本功能。

2. 可触性

以合理的人机工学参数为基础，探求感官的回馈和反应，进而求取合理化的形态。

3. 表现性

以具体的三维的实体、详实的尺寸和比例、真实的色彩和材质，从视觉、触觉上充分满足形体的形态表达、反映形体与环境关系的作用，使人感受到产品的真实性，从而使设计师与消费者对产品意义更好地理解和沟通。

4. 启发性

在模型制作的过程中以真实的形态、尺寸和比例来达到推敲设计和启发构想的目的，成为设计人员不断改进设计的有力依据。是设计师用以将设计构思具象化，视觉直觉化，实现制品化的信息传递手段。同时更应该强调的是，作为设计师的专业语言，模型塑造表现的作用不仅仅是描述或渲染某个已完成的设计的技术手段，而且它更是进行造型思考的一个语言形式。模型制作既是表现设计一种形式，又是设计思考的一个过程，是设计过程中极其重要的设计环节。

1.3.3　模型塑造的功能

1. 用于推敲设计创意方案

工业设计的中心思想是创意，它是一个不断肯定又不断否定的思考过程，需要不断地试错和纠错，工业设计的最终结果又是要给人使用的三维的物体，因此需要一个把思维三维物化的工具帮助推敲和修改，工业设计模型塑造就是这样的一个工具。

2. 用于设计评审及交流

设计交流主要是指对客户或上级进行设计阶段成果汇报，届时除使用效果图外，还需要使用仿真模型（实体模型）进行形象交流。直接听取对这种设计的评价和建议，以便决策是否继续开发或投产。没有什么能比反映真实情况的模型更适合设计交流的了。模型使人们提前零距离地接触到了最后的实际结果，因此没有误差和欺骗，真实可靠。

3. 验证设计的工艺性能

样机模型能帮助我们实现这个目标，由于拥有和成品完全相同的结构细节，而且具有近似的强度等物理特性，因此样机模型可用于验证设计的各种工艺性，包括制造工艺性、装配工艺性和维修工艺性。

1.4　模型的分类

根据不同的表达功能和作用，可将模型大致归纳为三类：①草图模型；②表现模型；③样机模型。

1.4.1　草图模型

设计过程中用草图模型表现创意不失为一种好方法。如果不能将创意变成三维实体，那么所有的准备都将无功而返。三维效果的可视化是设计取得发展的关键因素。自信而熟练掌握初步草图模型将助你向一个成熟的设计师的方向发展，并能产生更为精彩和更有价值的创意。

草图模型能很好地把人脑海中难以描述的创意在现实中变做触手可及的和利于评价的方案。同草图模型的作用相同，草图模型是设计初级阶段用以研究、推敲和发展设计构思的手段。草图模型多用来研究产品大概的形，如体量和比例，产品大的体面关系和结构关系等。此阶段，草图模型只对产品的外形和结构做广泛的和一般性的研究，制作的数量应该多些，以便从中比较、选择和综合。草图模型制作往往是粗线条的，不追求十分精致。草图模型的作用仅仅是把创意具象化，因此，无需在意细节的准确，只要注意创意的表达，并把这些展现即可。

草图模型是一个基础的比例模型。它将有助了解一个好创意是如何发生作用的。这是一个摆脱平面束缚，展开立体思维的手段，所以按这个定义也可以称为"三维草图"。这个"三维草图"并非是高度的完成品，也无需纤毫毕现，但重要的是它能将创意带入现实。一个成功的草图模型能向客户、同事和老师展示并帮助表达创意。

草图模型的制作材料范围广泛，没有任何限制，而往往取决于产品的形态特征，材料的加工特性等因素，一般多为采用易加工而便宜的材料制作草图模型，如木材、纸材、油泥、石膏、黏土和发泡塑料等。用简单的手工工具即可迅速加工出所要求的形态。

从当下的工业设计专业发展来看，快速成型技术及 CNC 技术的迅猛发展，快速而准确地制作样机及表现模型已不是问题。在此种情况下，草图模型应是工业设计学习者必不可少和经济实惠的训练方向，对于提升从业者的专业素质十分重要（见图 1-3 和图 1-4）。

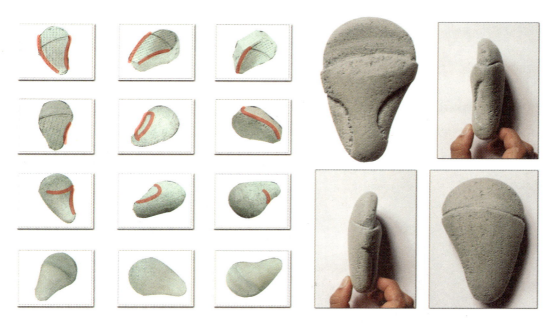

图 1-3　快题设计草图模型，使用苯板制作
（作者：姜昊言，指导教师：胡海权）

1.4.2　表现模型

表现模型也称为外观展示模型。主要是把设计师的构想以形体、色彩、尺寸和材质用表面处理材料和工艺反映出来，为更深入地交流、评估、修改和完善设计方案、检验设计方案的合理性提供有效的实物照。

表现模型是设计定案阶段应用的模型形式。通常是在方案确定以后，按尺寸、形状、色彩和质感等要求制作出来的在外观上非常近似实际产品的模型。外观模型一般不带机械结构部分，也就是说模型内部可以是实心的。但要求在外观上尽可能的接近于制成品。一件成功的表现模型，虽然不能操作或使用，但在视觉上给人传达的感觉则与真实产品没有什么区别。

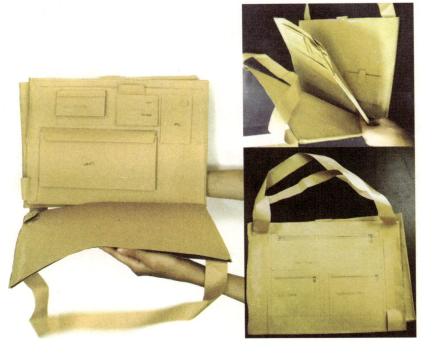

图 1-4　"活页"包包草图模型，使用"牛皮纸"制作
（作者：贾文卓，指导教师：leman）

　　表现模型制作用材很多，材料的选择不仅要易于加工，还需在视觉上近似于真实的质地。同时，也要具有一定的强度，以利于表面的再加工。如木材、高密度板、ABS 塑材、有机玻璃板、亚克力和玻璃钢树脂等（见图 1-5）。

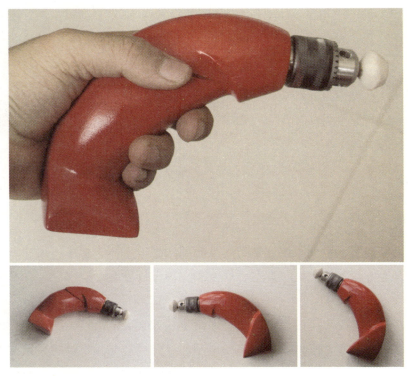

图 1-5　手电钻表现模型，使用 ABS 制作，表面自喷漆涂饰
（作者：田晓黎，指导教师：胡海权）

1.4.3 样机模型

样机模型也称功能模型 (Working sample)，用于研究和测试产品的结构及技术可行性。换句话说，样机模型不仅外观像真正的产品，内部结构也要清晰可辨，且有恰当的装配关系。样机模型主要是把设计师的构想和要表现出的产品功能，使用与生产相同的材料，依照尺寸、平均壁厚制作，每个部件和零件均能独立动作与实际生产的产品相同，可供模具估价、模具设计、包装设计测试、成本估算、检验和展览等。商业制造领域也将样机模型通称为"首板"（见图1-6）。

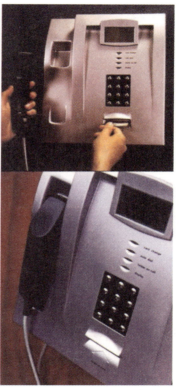

图1-6 公共电话机样机模型，内装机芯，可以使用。使用 ABS 制作，表面自喷漆涂饰
（作者：杜海滨、薛文凯、焦宏伟）

本章练习与思考题

1. 什么是模型塑造？

2. 模型塑造有什么意义？

3. 产品的模型塑造立体表现与平面表现有什么区别？

4. 模型按功能分有哪些种类？

第2章
Chapter2

模型的材料及其特征

2.1 石膏

石膏根据其用途大致可以分为两大类，一类是建筑用石膏，是一种灰色石膏，用于建筑、装饰和制造等，用途较为广泛。另一类为医用石膏，主要做外科的绷扎材料，颜色为白色。立体表达多用医用石膏（见图2-1）。

石膏的性质主要取决于其含水量的多少。石膏与水混合并会发生化学反应，产生热量并固化，因此，在石膏保存时，一定要存放在干燥、通风的场所，如果受潮则会失效。

石膏的调配一定要注意水的比例，通常先在盆中倒入足量的水，然后用手或小碗将石膏均匀地撒入盆中，直至石膏露出液面，然后用手或棍棒单向均匀地搅拌，用力要轻，以免在搅拌时产生气泡，这样容易在形体上形成凹陷。当搅拌至石膏开始发热和变稠时即可使用（见图2-2）。若石膏中水分过多，则凝固较慢，并且质地娇嫩，强度较差。

图2-1 石膏粉

图2-2 液状的石膏

石膏成型多为灌铸，通常用玻璃板，木板或纸板围合成大致的形体轮廓，进行粗加工，待大致形体产生，然后再对其进行精加工。对于一些如立方体等平面组成的形体，用玻璃做模具较为适宜。

在水分挥发之前较易对形体进行粗加工，可大量地削除多余的部分。面积较大地去除石膏可以用扁铲、凿子、美工刀甚至锯等。对形体表面的处理可以用美工刀片或锯条进行刮削。由于其含水分较多，对于美工刀等较薄的刀片，会受水的吸引而有阻涩之感，用带齿的一端可消除这种阻力。形体完全干透后，可以选用较细的砂纸打磨表面，使表面非常平整、柔顺和光滑。此时如果要对形体进行少量的增补，可调制少量石膏填补于需修补处，待干到一定程度，即可进行处理。

石膏形体表面如果要进行喷漆处理，则必须在其表面先喷一层乳胶液，干后会在其表面形成一层膜，然后在这层膜上喷漆，则漆不会渗入石膏而失去光泽。

2.2 泥

泥是人们熟悉的材料，几乎每个人在儿童时代都玩过。在工业设计模型塑造当中，经常使用的有三种泥：①雕塑黄泥；②陶泥；③油泥。它们在制作特性上没有太大差别，性能较接近。泥较石膏质地柔软，更易加工成形。普通的一块泥土，经过塑造，具有了形状，产生了表达。雕塑黄泥因为水分蒸发快，容易干燥，产生裂纹，所以制作间歇阶段可用湿毛巾或薄塑料膜覆盖。塑造中用过的余料，或已经干了的，敲碎放入容器中，加湿闷瓯，可再重复使用，但在此过程中注意不要混入杂质；陶泥与雕塑泥性能接近，是由多种微细的矿物质组成的集合体，多呈粉状或块状，由于其矿物质成分复杂，颗粒大小不一致，常含有粉砂和砂粒等，往往呈灰、黄、褐红、灰绿、灰黑及黑色等。因陶泥具有吸水性，所以加水揉合后即具有较好的可塑性。与油混合的油泥，因油的挥发较慢，且不太容易缺失，所以性能稳定，其制作周期也可较长，表面的处理也比较细腻。油泥经过烘烧，加热可变软，可塑性好，可反复多次使用。与石膏成型相比，泥质形体的生成可多次修改，反复调整。另外，泥质形体可与其他材料结合使用，可将一些现成的部件嵌入泥中，如汽车油泥模型，其底盘可直接采用原来的汽车底盘，在底盘上堆造，研究新的车形变化（见图2-3）。

（a） （b）

图2-3 油泥

（a）雕塑油泥，适合使用雕塑工具进行草模型塑造；（b）工业油进行表现模型的塑造泥，适合使用专业的油泥工具进行表现模型的塑造

泥质形体的加工工具主要为一套功能齐全的雕塑刀，可进行雕、切、塑和抹等功能，综合的处理形体的变化。此外可通过一些内角和外角刮板去修改形体边缘，并检验形体过渡的准确性。另外，油泥模型有一些较专业的制作工具。对于油泥模型，表面可以进行覆膜或喷漆处理，能够体现形体真实的质感和色彩。油泥是进行模型塑造很合适的泥材料。

2.3 苯板

苯板其分量轻、质地软，用刀很容易削制成型。在立体表达中，对于一些体量较大的形体，可以用板材围合而成，也可以像三合板那样用苯板胶或建筑胶粘接成一个实体，然后用刀削制。苯板削制要求刀片一定要锋利，否则走不动刀，并使其表面粗糙（见图2-4）。

苯板在削制出大致形体后，可以用细砂纸对其表面进行打磨，使表面光滑。另外，在打磨表面上可以刷一层立德粉，待干后，再打磨，打磨完成后可在其表面进行喷漆处理。如果没有立德粉保护，油漆会腐蚀苯板。苯板是制作草图模型极好的材料（见图2-5）。

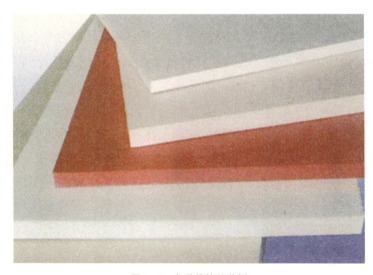

图 2-4　各种规格的苯板

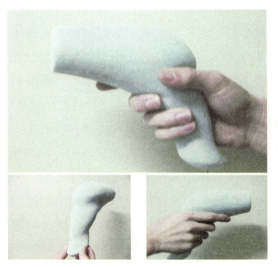

图 2-5　由苯板制作的设计草图模型

2.4 实木材与密度板

实木材与密度板的特性接近，加工方法相同，不过实木材有天然的年轮纹理，表面不易处理平滑（见图2-6）。而密度板密度均匀，易于加工，可以制作得比较精细，经过涂饰处理可以模仿多种材质的效果，而且比较容易与其他材料结合（见图2-7）。需要较大体积时，可由多层板粘接在一起，粘接密度板或实木材时一般使用大力胶。这两种材料在制作ABS压模过程中，作为原型模具，比其他材料更为有优势。不过它为工业合成的板材，含有对身体有害的物质，作业过程中要充分做好劳动保护，戴上口

图 2-6　实木材

罩、手套（见图 2-6 ~ 图 2-8）。

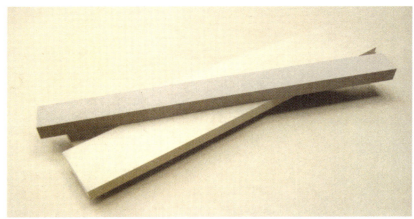

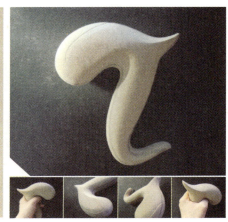

图 2-7　密度板板材，有各种厚度规格

图 2-8　由密度板板材粘接成体，塑造成型
（作者：张娜娜，指导教师：胡海权）

2.5　ABS 塑料

ABS 塑料是一种三元共聚的热塑性工程塑料。具有优良的耐冲击韧性，加热到 120℃就会有变软并可加工到预想的形态。在模型塑造中，可依据模具，加热、施压和成型。

ABS 塑料是在改性聚苯乙烯基础上发展的三元共聚物"丙烯腈（AN）- 丁二烯（PB）- 苯乙烯（PS）"的英文名称 Acr-ilonitrile Butadiene Styrene 的简称。由于综合了三种化学单体各自的优良特性（丙烯腈的高强度、热稳定性及化学稳定性，丁二烯的坚韧性和抗冲击特性，苯乙烯的电性能、易染色、易加工、高光洁度及高强度），因此是一种韧、硬、刚兼具的出色工程塑料。

ABS 塑料密度为 1.02 ~ 1.05g/cm³，本色制品呈浅象牙色或瓷白色，一般不透明，无毒无味。熔化温度为 245 ~ 2800℃，高于 2700℃时发生分解，易燃烧但燃烧缓慢。燃烧后软化、发泡和无熔融滴落现象，火焰呈黄色并冒黑烟、烧焦时会发出特殊的肉桂气味。

作为著名的工程塑料，ABS 塑料具有良好的机械性能，强度和刚度都很好，耐磨、尺寸稳定，适合机械切削加工（车、钻、铣、刨、锉和锯）及粘接加工（溶于丙酮和氯仿），化学稳定性好。ABS 塑料是一种热融性树脂，作为工业用途，它的颗粒适合注塑加工成型。由于模塑性好、热收缩率较小（0.5%~0.7%）和蠕变性低，可制造尺寸精度要求较高和造型较复杂的产品。此外，良好的着色和表面涂装性能使制品具有令人喜爱的肌理和色彩。根据需要还可以进行丝网印刷、喷绘和电镀等加工。

ABS 塑料有通用、高抗冲、高耐热、阻燃、增强、电镀、喷漆、高光泽和透明（MBS）等品级，ABS 塑料与 372 有机玻璃的熔接性良好，可制成双色塑料件（例如嵌有白色数字的黑色按键，永远不会因字迹磨损而影响观察）并可进行表面镀铬和喷漆处理。工厂在吸塑 ABS 板料前就需要在烘箱中烘料 48h，以避免水汽逸出产生气泡。

ABS 模型使用最多的是板料，主要供切割粘接和热压成型方法加工制作。和仿真模型类似的典型热压成型工业产品有冰箱内胆、汽车仪表台、工具箱和旅行箱等。ABS 板被加热后在真空吸力下紧贴模具成型，由于机器拥有巨大动力，工业制造的原料板厚可达 6~8mm，但工业设计仿真模型受手工制造者的力量限制，一般只能使用板厚 2~3.5mm 的材料，压制大于 4mm 的板料就会显得力不从心。在装饰材料市场和文化用品市场就有很多规格可选购，也可以向塑料包装材料厂直接购买，这类工厂在网上可以方便地搜寻。0.8mm 和 1.5mm 的板料主要用于粘接成型，1.5mm 以上的板料用于热压成型（见图 2-9）。

图 2-9　ABS 板材及由 ABS 制作的模型

　　ABS 板料有不同配方，因此也带来了一些性能差异，是否符合模型使用要求需要试验以后才知道。一般用于热压的板料希望热延展性好并柔韧一些，但有的板料却表现坚硬，不容易烘软拉伸且容易碰裂，需要多掌握一些购买信息便于有所选择。

　　ABS 模型使用氯仿作为黏合剂，这是一种能够有效溶解 ABS 塑料和有机玻璃的化学溶剂。氯仿的化学名称是三氯甲烷，液体，具有强烈刺鼻的挥发性，曾经是外科手术主要的麻醉剂，现在一般可在医疗用品商店、化学试剂商店、化工原料商店购买，基本上供应的都是化学纯级（CP）试剂，黑色瓶装避光保存，是目前 ABS 塑料和有机玻璃最主要的黏合剂。由于氯仿可以作为某些毒品生产过程的工艺溶剂，自 2007 年起需要经公安禁毒部门审批后才能购买，其中过程可能比较费时，因此宜提早做好准备。

　　氯仿需要用工具注入粘接面，一般使用 5cc 一次性注射器，也可以把细玻璃管烧红拉开成滴管，套上橡胶滴管吸头使用。使用氯仿时要注意环境通风，用毕盖紧以保持注射针管或滴管畅通。

　　ABS 板材常用的加工方法包括下面几个方面的内容。

　　（1）对于 2mm 以下的板材，用锋利的美工刀在表面划一道深浅适宜的刀痕，然后向反面一扳，就可以掰为两部分了，不过新手熟练应该有个过程，掌握一下技巧，同时注意不要伤到手。遇到较长切缝和较厚的材料，可以采用把划过刀痕的板材沿桌边按住后，然后将另一部分向下扳的方法。

　　（2）常用的线锯机、钢丝锯和钢锯等都很适合用来加工 ABS 板材。

　　（3）各种粗细锉刀和砂纸等都可以很好的加工。

　　（4）在 ABS 板上钻削 5mm 以上的孔时，建议将钻头磨成薄板钻头的形状，使钻出的孔边缘整齐和美观，注意切削速度不要太快，以免造成材料局部熔化。

　　（5）采用电脑雕刻机加工 ABS 板材时，也要注意调节切削速度和前进速度，只有在不熔化粘刀的情况下，才可以加工出美观整齐而合格的零件。

2.6 PU塑料

PU是一种结构细密和密度均匀的泡沫塑料。发泡PU塑料作为模型制作材料远远优于发泡PS材料。发泡PU有软质与硬质之分，它具有良好的加工性，不变形、不收缩而且质轻耐热（90～180℃以上），是理想的模型制作材料，也可作为隔热和隔音的建筑材料（见图2-10）。

图2-10 各种颜色及密度的PU材料

采用聚甲基丙烯酸制成的发泡PU材料，质量比较好，也是最贵的材料，是专为航天航空工业进行结构模型制作而使用的材料。这种材料强硬、紧凑而均匀，有相当的强度，有相当光滑的表面。它的加工特性介于ABS塑料与苯板之间。

2.7 玻璃钢

玻璃钢（Fiber Reinforced Plastics，FRP）即纤维强化塑料，是以玻璃纤维（织物）作为增强材料，以化学树脂为基底和结合材料的一种增强塑料。玻璃钢原材料包括玻璃纤维及其织物（玻璃纤维毡、粗纱织物、玻璃纤维织物、玻璃纤维粗纱等）、合成树脂（不饱和聚酯树脂、环氧树脂、胶衣树脂等）和辅助材料（催化剂、颜料、填料、脱模剂、夹芯材料及其他添加剂）。其中无捻粗纱布是工业设计手糊模型最常用的纤维，它是用玻璃纤维粗纱织成的布。这是手糊成型技术中最常用的玻璃纤维织物，它的优点是形变性好、易被树脂浸润、能提高FRP制品的刚度以及耐冲击性好、价格便宜和成型制件时节省时间等。

2.7.1 树脂基体

在手糊成型技术中，最常用的有不饱和聚酯树脂、环氧树脂以及乙烯基树脂。

（1）不饱和聚酯树脂：黏度低，流动性好，容易浸透玻璃纤维。胶液的使用期和固化温度调节范围大，可在不同条件下很方便地固化。聚酯树脂的储存期一般为半年左右，价格便宜，但固化收缩大，表面质量较差。不饱和聚酯胶液的配制：不饱和聚酯胶液可以先将引发剂和树脂混合搅匀，然后在操作前再加入促进剂搅拌均匀后使用；也可以先将促进剂和树脂混合均匀，操作前再加入引发剂搅拌均匀后使用。加入引发剂的树脂胶液，存放时间不能过长。配胶量要根据施工面积的大小而定，一般一次配胶量以0.5～2.0kg为宜。

（2）环氧树脂：使用环氧树脂制作的玻璃纤维增强制品强度高，耐水耐碱性好，固化收缩低。但环氧树脂黏度较大，流动性差，使用时要加入一定的稀释剂。当使用胺类固化剂时，毒性较大。此外环氧树脂价格较贵，环氧固化物脆性也较大。环氧树脂胶液的配制：环氧树脂胶液可以先将稀释剂及其他助剂加入环氧树脂中，搅拌均匀后备用。使用前加入固化剂，搅拌均匀使用。环氧胶液的黏度、凝胶时间和固化度对玻璃钢制品的质量影响很大。

（3）乙烯基树脂：使用乙烯基树脂制备的玻璃钢，其耐溶剂和耐腐蚀性的优良，具有与环氧树脂相似的性能。又可以用与不饱和聚酯树脂相同的方法固化，价格也在环氧和不饱和聚酯树脂之间。

2.7.2 辅助材料

玻璃钢手糊成型用辅助材料包括固化剂、促进剂、填料、稀释剂、触变剂和脱模剂等。

（1）固化剂（催化剂）。不饱和聚酯树脂常温固化剂过氧化甲乙酮，一般与作为促进剂的环烷酸钴配合使用。为满足不同固化条件的需要，不饱和聚酯固化剂多种多样。如为防止忘记加入固化剂以及确认固化剂在树脂中分散状态的着色固化剂，冬季用、一般用、夏季用低发热固化剂；改善胶衣装饰效果的固化剂等。环氧树脂的室温或中低温固化剂一般为脂肪胺类，如三乙烯四胺、四乙烯五胺和双氰脒等。

（2）促进剂。与过氧化甲乙酮配合使用的不饱和聚酯树脂固化促进剂，最常用的是环烷酸钴。目前市场上销售的是60%环烷酸钴溶液。另外，当低温下成型或进行残损部位修理时，有时也采用微量添加就起固化促进作用的二甲基苯胺类促进剂，但使用这种促进剂的玻璃钢会呈黄褐色。

（3）填料。加入填料的目的是为了降低固化收缩率和热膨胀系数，减少固化时的发热量以防龟裂，改善制品的耐热性、电性能、耐磨耗性、表面平滑性及遮盖力，提高黏度或赋予触变性，降低成本。常用的填料有碳酸钙、石棉、铅粉、石英粉、三氧化二铝粉、二氧化钛粉、玻璃微球、短切玻璃纤维、滑石粉和炭黑等。加入石英粉和三氧化二铝粉可以提高压缩强度，使用二氧化钛粉可提高黏附力，加入炭黑可提高导电性，滑石粉和石膏粉可降低成本并减少树脂的固化收缩。填料因吸收性强，大量使用填料有时会使树脂的固化特性发生变化。有强度要求的 FRP 物件，如没有特殊要求，最好不加入填料。

（4）触变剂。在树脂中加入触变剂可使树脂具有触变性。所谓触变性，就是指在混合搅拌、涂刷时，树脂黏度变低，而静止时黏度又变高。具有触变性的树脂在立面上成型玻璃钢时，可以防止树脂的流挂、滴落和麻面，使成型操作更易进行。

（5）脱模剂。为保证把已固化的制品顺利地从模具上取下来和模具完好无损、重复使用，必须在模具的工作面上涂以脱模剂。一般和树脂黏结力很小的非极性或极性很弱的物质都可以做脱模剂。选择脱模剂时，应考虑模具材料、树脂种类和固化温度、玻璃钢制品的制造周期与脱模剂的涂敷时间等因素。脱模温度、玻璃钢制品的制造周期与脱模剂的涂敷时间等因素。脱模剂目前种类很多，一般可分为三大类：薄膜型、溶液型和油蜡型。

从实际使用来看，玻璃钢模型特别适用于体积较大、外形较复杂、重量要求轻的产品，在中小型雕塑、汽车、摩托车、游艇、真空容器，以及一些大尺寸罩壳等产品的外形设计表达上，经常会得到应用。

用于制作玻璃钢的织物有布、带、套等，也有用玻璃纤维直接拌入树脂使用的。工业设计模型一般使用比较疏松的宽幅玻璃钢布料，裁剪比较方便灵活，这种材料价格便宜、操作简便、增厚性好（便于达到必要厚度），适合院校实验室条件手工操作。虽然无捻粗纺布在折角处的强度较差，但对于仿真模型来说已经足够了。玻璃钢的制造工艺有机械化生产和手工糊制两种，对于工业设计的仿真模型来说选择的无疑是手工糊制方式（见图2-11）。

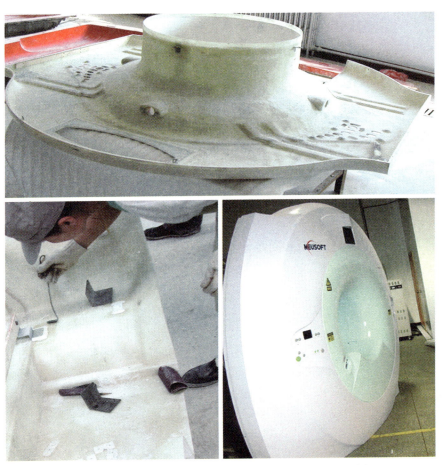

图2-11　玻璃钢制作的模型

2.8　亚克力

亚克力（PMMA），俗称有机玻璃，又称压克力，是一种开发较早的重要热塑性塑料，具有较好的透明性、化学稳定性、耐候性、易染色、易加工和外观优美，在建筑业中有着广泛的应用（见图2-12）。有机玻璃产品通常可以分为浇注板、挤出板和模塑料。它具有水晶一般的透明度，透光率达92%以上，用染料着色的亚克力又有很好的展色效果，此外，亚克力板（压克力板）具有极佳的耐候性，较高的表面硬度和表面光泽以及较好的高温性能。亚克力板有良好的加工性能，既可采用热成型（包括模压、吹塑和真空吸塑），也可用机械加工方式钻、车、切割等。用微电脑控制的机械切刮和雕刻不仅使加工精度很大提高，而且还可制作出用传统方式无法完成的图案和造型。另外，亚克力板可采用激光切割和激光雕刻，制作效果奇特的制品。这种材质最怕锐物划伤，但这种划伤也很容易修复，普通的用白牙膏擦拭即可。2 ~ 12cm 是常见的厚度（见图 2-12）。

图 2-12　亚克力样板

2.9　辅料

辅料主要包括填补材料、黏合材料和抛光材料等。

（1）填补材料。有用于修补的立德粉、红灰、原子灰等几种腻子（见图 2-13），现在普遍使用快速固化原子灰，俗称汽车腻子。在实际制作的过程中，根据情况也可以用板料碎屑用胶溶化后做成稠厚的填补料，此法用于 ABS 材料尤为合适，优点是与基底材料性质相同，结合牢固而且物理特性一致，加工中不会出现分界痕迹。

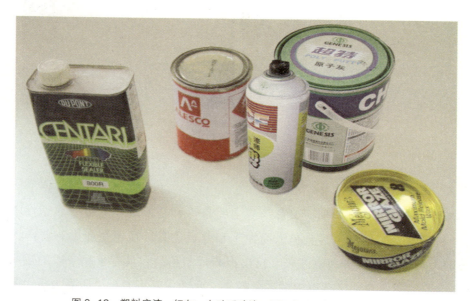

图 2-13　塑料底漆、红灰、自动手喷漆、原子灰和石蜡脱模剂等辅料

（2）黏合材料。有多种，通常使用溶剂黏合，如用氯仿（三氯甲烷）、丙酮黏合 ABS 和有机玻璃、用香蕉水黏合聚氯乙烯等。溶剂能够溶化基底材料，黏结相当牢固，但对不溶解材料例如玻璃、陶

瓷、金属、木材和胶木等，只能用 502 胶、万能胶和环氧树脂等。这些黏合剂不能溶化基底，完全依靠胶层结合力，其中环氧树脂一类黏合剂本身强度高，结合力也好，被广泛应用。黏接剂是用来把不同或相同的材料牢固连接的媒介物质。黏接剂种类繁多，在模型制作中主要有以下几种：502 胶、大力胶、建筑胶、苯板胶、玻璃胶和密封胶，以及透明胶带、双面胶带、遮挡胶带和强力定型喷胶等（见图 2-14）。

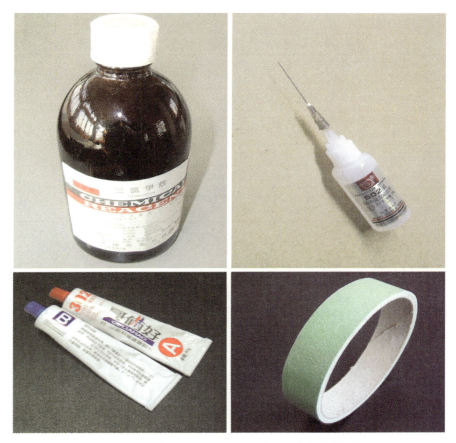

图 2-14　三氯甲烷、502 胶、哥俩好胶、胶带等黏接剂

　　对需要保持整体透明的工件，要选择能保证接缝处不露痕迹的黏合剂，例如用透明有机玻璃的单体黏合，或用有机玻璃本身溶化的黏稠液黏合等。

　　（3）抛光材料。除了工程使用的砂纸、抛光布轮等以外，用牙膏抛光塑料也是不错的方法。

　　（4）其他材料。脱膜剂是翻制石膏、AB 水、硅胶和玻璃钢等模型或模具的必备材料，有液体脱膜剂和固体脱膜剂两类。液体脱膜剂包括：各类液体油脂、洗涤剂和聚乙烯醇溶液等；固体脱膜剂包括：固体蜡和固体滑脂等。喷涂用的面漆可分为硝基和醇酸两大类，有自动手喷漆、汽车烤漆、树脂漆和聚酯漆等多种。

2.10　模型材料的性能特征和运用范围

　　模型材料的性能特征和运用范围见表 2-1。

表 2-1 模型材料的性能特征和运用范围对比表

材料名称		材料性能特征	使用范围
石膏		易切削、表面易使用细砂纸处理光滑和不使用胶水即可同材料修补	草图模型、翻制模型的阴模
泥	雕塑黄泥	可塑性好、可多次修改，反复调整。缺点容易干燥，产生裂纹	草图模型、翻制模型的阳模
	陶泥	可塑性好、可多次修改，反复调整。缺点是泥中有杂质、表面不易制作光滑	草图模型、翻制模型的阳模
	油泥	可塑性好、可多次修改，反复调整。性能稳定，其制作周期也可较长，表面的处理也比较细腻	汽车油泥模型
苯板		分量轻、质地软，用刀或木锉很容易削制成型。使用细砂纸使其表面光滑	草图模型
实木材		质地根据不同树种而不同，分硬木、软木。有天然的年轮纹理，表面不易处理平滑	草图模型、表现模型
密度板		密度板密度均匀，易于加工，可以制作精细	草图模型、表现模型
ABS 塑料		易加工程度适中，具有优良的韧性，加热到 120℃就会有变软。并可依据模具，加热、施压、成型	表现模型、样机模型
PU 塑料		易加工程度适中，不变形、不收缩，质轻耐热	表现模型、样机模型
玻璃钢		适合制作大型的样机产品、制作过程较复杂，且容易变形	样机模型
亚克力（PMMA）		易加工程度适中，具有较好的透明性、易染色。加热可变软。并可依据模具、施压、成型。缺点是需要粘接时，接缝处容易暴露胶水印	表现模型、样机模型

本章练习与思考题

1. 哪些模型材料易加工，它们的特点是什么？

2. 能制作样机的模型材料有哪些？特点是什么？

3. 哪些材料能加热变形，可依据模具施压成型？

第3章
Chapter3

模型的工具与使用

模型塑造的技术与工业技术当中的钳工技术有异曲同工之处。需要用到的工具以钳工工具为主，与加工金属、木材的工具大致相同。可用锯、刀、锉来对不同的棒材、块材、板材和管材材料进行切割、削锉加工。制作中还需要使用机械加工的一些工具，如钻孔工具、台钳，测量工具、砂轮工具，不同细度的砂纸和辅助材料。以及用美工刀来切割各种类型的塑料板，进行精确地划线。遇到曲线、圆等还需使用曲线板、铁制划规来完成。

根据功能工具可以划分为：①测量类工具；②裁切类工具；③锉削类工具；④研磨类工具；⑤电动类工具。

3.1 测量类工具

3.1.1 钢直尺

钢直尺是用不锈钢制成的一种量具，是最基本的一种测量工具，可以用来测量工件的长度、宽度、高度和深度等尺寸。钢直尺有 150mm、300mm、500mm 和 1000mm 等多种规格（见图 3-1）。尺面上尺寸刻线间距一般为 1mm，但在 50mm 一段内刻线间距为 0.5mm，作为钢直尺的最小刻度。钢直尺测量出的数值误差比较大，1mm 以下的小数值只能靠估计得出，因此不能用作精确的测量。

图 3-1　150mm、300mm、500mm 和 1000mm 规格钢直尺

3.1.2　游标卡尺

1. 游标卡尺的特征

游标卡尺是一种中等精度的量具，可以直接量出工件的外径、孔径、长度、宽度和孔距等尺寸。游标卡尺的结构形状如图3-2所示。

图3-2　游标卡尺

如图3-3（a）所示为可微量调节的游标卡尺，由尺身1和游标2组成，3是辅助游标。松开螺钉4和5即可推动游标在尺身上移动，通过两个量爪9可测量尺寸。需要微动调节时，可将螺钉5紧固，松开螺钉4，转动微动螺母6，通过小螺杆7是游标微动。量得尺寸后，可拧紧螺钉4是游标紧固。游标卡尺上有两个量爪8，可用来测量齿轮公法线长度和孔距长度尺寸。下端两个量爪9的内侧面可测量外径和长度，外侧面是圆弧面，可测量内孔或沟槽。

图3-3（b）所示的游标卡尺比较简单轻巧，上端内量爪可测量孔径、孔距及槽宽、下端外量爪可测量外圆和长度等，还可用尺后的深度尺测量内孔和沟槽深度。

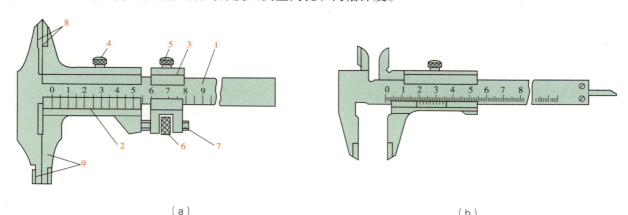

（a）　　　　　　　　　　　　　　　　　　　　　　　　（b）

图3-3　游标卡尺
（a）可微动调节的游标卡尺；（b）带深度尺的游标卡尺
1—尺身；2—游标；3—辅助游标；4、5—螺钉；6—微动螺母；7—小螺杆；8、9—量爪

2. 游标卡尺的刻线原理和读法

（1）游标卡尺的刻线原理。

读数值为0.05mm的游标卡尺，尺身上每小格是1mm，两量爪合并时，尺身上的19mm刚好等于游标上的20格，如图3-4所示。因此，尺身与游标每格之差为：1-19/20=0.05（mm），此差即为该游标卡尺的测量精度。

（2）游标卡尺的读法。

测量工件时，读数方法分为以下三步，如图3-5所示。

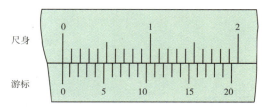

图 3-4　读数值为 0.05mm 游标卡尺的刻线原理

1）读出游标上零线左面尺身的毫米整数。

2）读出游标上哪一条刻线与尺身刻线对齐（第一条零线不算），该游标刻线的次序数乘以该游标卡尺的读数值。

3）把尺身和游标上的尺寸加起来。

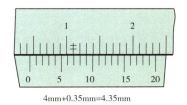
4mm+0.35mm=4.35mm

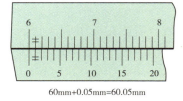
60mm+0.05mm=60.05mm

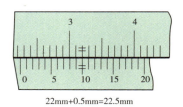
22mm+0.5mm=22.5mm

图 3-5　读数值为 0.05mm 游标卡尺的读数方法

读数值为 0.02mm 游标卡尺的尺身上每小格为 1mm，两量爪合并时，尺身上的 49mm 刚好等于游标上的 50 格，如图 3-6 所示。尺身与游标每格之差为 1−49/50=0.02mm。其读数方法与读数值为 0.05mm，与游标卡尺相同，如图 3-7 所示。

图 3-6　读数值为 0.02mm 游标卡尺的刻线原理

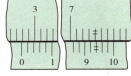

27mm+0.94=27.94mm

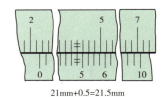
21mm+0.5=21.5mm

图 3-7　读数值为 0.02mm 游标卡尺的读数方法

游标卡尺的规格可分为 0~125mm、0~200mm、0~300mm、0~500mm、300~800mm、400~1000mm、600~1500mm、800~2000mm 等。

测量工件尺寸时，应按工件的尺寸大小和精度选用量具。游标卡尺只适用中等精度（IT10−IT16）尺寸。

（3）游标卡尺的注意事项。

1）使用前擦净量爪，检查量爪及刃口是否完好，两量爪合并时是否漏光，尺身和游标的零线要对齐。

2）测量内、外尺寸时，量爪应慢且轻地接触测量表面，卡尺不能偏歪。

3）读数时，人的视线尽可能与游标卡尺的刻线表面垂直，游标卡尺置于水平位置，以免视线歪斜造成读数误差。

3.1.3　宽座直角尺

宽座直角尺是制作模型时常用的测量与校验工具，是测绘垂直或平行线的导向工具，多用来校验模型面与面之间的垂直关系，还可用来校正模型在平台上的垂直位置，如图 3-8 和图 3-9 所示。

图 3-8　宽座直角尺　　　　　　　　　　　　　　　图 3-9　宽座直角尺的用法

3.1.4　高度尺

高度划线座尺由钢直尺和底座组成。需要在工作平台上使用，调整划针在平台上的高度后，可在模型上划出需要的等高线，如图 3-10 所示。

（a）　　　　　　　　　　　　　　　（b）

图 3-10　使用功能基本相同的带刻度的游标高度尺与无刻度的高度划线座尺

（a）带刻度的游标高度尺；（b）无刻度的高度划线座尺

3.2　裁切类工具

3.2.1　美工刀

美工刀主要功用是为切断薄纸或者薄的塑料板（见图 3-11 和图 3-12）。美工刀不使用时刀刃要收缩回刀体，使用完毕的"刀刃"的废弃不能和一般垃圾混在一起。使用时，刀刃的状态应该是锋利的，如果刀的尖端损坏的话，再去勉强切是非常危险的，务必确认一下刀的尖端是锋利的。在薄纸或者薄塑料板切割直线时，需使用界尺进行工作。应该使用厚度较厚的尺，如果使用的尺是薄的，刀片就会划到尺上，会使按在尺上的手割破。还有需要提及的是按在尺上的手不要放在刀片前进的方向，那样很危险。特别需注意：①刀片绝对不对着人；②刀片不伸出太多；③不使用时收好刀片。

图 3-11　各种型号美工刀

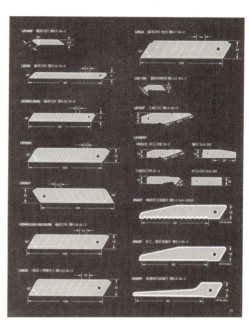

图 3-12　各种型号美工刀片

美工刀的使用方法如下。

（1）美工刀的使用是通过刀的尖端切割的。刀的尖端如果损坏的话，再勉强去切割，没有效率，也是非常危险的。使用前务必确认一下刀的尖端，如图 3-13 所示。

（2）美工刀的使用角度：与工作面大约成 30°，如图 3-14 所示。

图 3-13　美工刀的刀刃错误与正确的状态　　　　　图 3-14　美工刀的使用角度

（3）美工刀的正确握拿方法。食指放在刀背上，手掌抵住握柄，注意不要太用力，如图 3-15 所示。

（4）美工刀危险的使用方法。如图 3-16 所示，这样的使用方法会切到手，危险性很大，绝对不要这样做。

不能横向切割，要纵向切割。绝对不要把手放在刀片的前进方向，如图 3-16 的方法大拇指就会被切到。使用尺的时候手不能放在刀的前进方向。

图 3-15　美工刀的正确推拿方法

图 3-16　美工刀危险的使用方法

（5）美工刀刀片的折断方法。如果长时间使用美工刀切割硬的物品，就会使刀片不锋利，钝了。如果刀片钝了的话，使用者必须用更多的力才能切割，比较费劲，而且切割面会变脏。最关键的问题是使用不能切割的刀片是危险的。我们有必要更换新的刀片，或者把一节折断再使用。如图 3-17 所示，使用钳子折断刀片，不会使刀片飞出，比较安全。

图 3-17　美工刀刀片的折断方法

3.2.2　手锯和锯削用法

手锯是模型制作时用来进行锯削材料和形体的手动工具，一般由操作手柄和锯条两部分组成。如图3-18所示，根据具体使用功能不同，种类多种多样。图中1、2、3为手锯，又名框锯，框锯按锯条长度及齿距不同可分为粗、中和细三种。粗锯主要用于锯割较厚的木料；中锯主要用于锯割薄木料或苯板；细锯主要用于锯割较细的木材和苯板。4和5为钢丝锯，又名曲线锯，主要用于锯割复杂的曲线和开孔。6为钢锯，模型制作中常用于切割较硬的材料，如铁板、ABS板、雪弗板和有机塑料板等。7为大齿手锯，可较快速切割类似木材的材料。下面主要以钢锯为例，简要介绍锯削的操作方法与注意事项。

1. 工件的夹持

工件一般要使用台虎钳来固定，工件要切割的位置应放在钳口侧面，一般使锯缝离钳口侧面约20mm，锯缝线要与钳口侧面保持平行，夹持要尽量牢靠，在钳口与工件之间垫软木等物可避免将工件表面夹伤。

2. 锯条的安装

使用手锯切割时，向前推锯比较容易用上力气，故安装锯条时应使齿尖的方向朝前（见图3-19）。在调紧锯条时，过紧会使锯条易断，太松则使锯条扭曲，锯缝容易歪斜，其松紧程度以用手扳动锯条，感觉硬实即可，安装锯条时还应检查是否歪斜、扭曲，这对保证锯缝正直和防止锯条折断都比较有利。

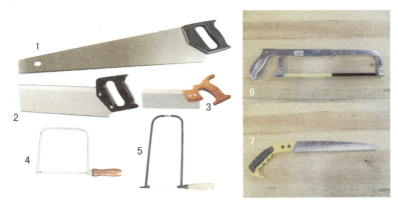

图 3-18　手锯
1，2，3—手锯；4，5—钢丝锯；6—钢锯；7—大齿锯

（a）　　　　　　　　　　　　　　　　　（b）

图 3-19　锯条安装方向的示意图
（a）正确；（b）错误

3. 握法与力度

锯削时一只手握锯柄，控制推力与压力；另一只手轻扶在锯弓前端，配合扶正锯弓，其压力不要过大。手锯推进时，身体略向前倾，用力锯削，返回行程不加压力。锯削运动的速度一般为40次/min

左右，锯削硬材料时应稍慢些，锯削行程应保持均匀力度，返回行程可以相对轻快些。

4. 起锯与收锯

起锯是锯削工作的开始，它的好坏影响锯削质量。起锯有远起锯和近起锯两种。起锯时往往使用拇指与食指抵住锯条，起到限位与导轨的作用，起锯角约在 15° 左右，行程要短，压力要小，速度要慢；收锯是锯削工作的结尾，应逐渐减轻力度、放慢速度，接住切下的部分，避免折坏和摔坏有用的部件（见图 3-20 ~ 图 3-23）。

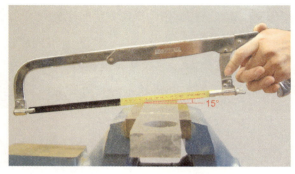 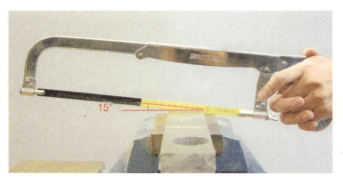

图 3-20　远角起锯角度约在 15° 左右　　　　　图 3-21　近角起锯角度约在 15° 左右

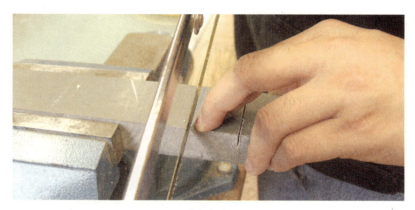

图 3-22　食指与中指抵住锯条

图 3-23　起锯与收锯的力度要轻而慢

3.3　锉削类工具

用锉刀对模型的表面进行加工，使其尺寸、形状、位置和表面粗糙度等达到要求的加工方法称锉削。它可加工模型的内外平面、内外曲面、内外角、沟槽和各种复杂形状的表面，还可在装配中修整模型。

3.3.1　锉刀的构造

如图 3-24 所示，锉刀由锉身和锉柄两部分组成。锉刀面是锉削的主要工作面，其前端做成凸弧形，上下两面都有锉齿，便于进行锉削。锉刀边是指锉刀的两个侧面，有的没有齿，有的其中一边有齿。没有齿的一边称光边，它可使锉削内直角的一个面时，不伤着邻面。

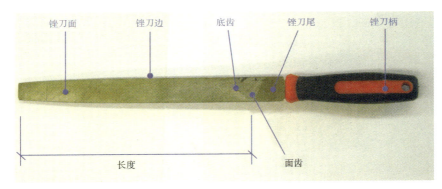

图 3-24　锉刀的构造

锉纹是锉齿排列的图案，有单锉纹和双锉纹两种，如图 3-25 所示。

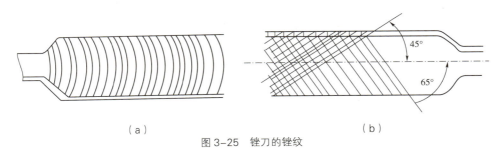

（a）　　　　　　　　　　　　　　　　　（b）

图 3-25　锉刀的锉纹

单锉纹是指锉刀上只有一个方向的锉纹，由于全齿宽同时参加切削，需要较大切削力，因而适用于软材料的锉削。双锉纹是指锉刀上有两个方向排列的锉纹，这样形成的锉齿，沿锉刀中心线方向形成倾斜和有规律排列。锉削时，每个齿的锉痕交错而不重叠，锉面比较光滑，锉削时切屑是碎断的，比较省力，锉齿强度也高，适用于锉削硬材料。

3.3.2　锉刀的种类

锉刀可分为钳工锉、异形锉和整形锉三类。

1.钳工锉

钳工锉按其断面形状可分为齐头扁锉、半圆锉、三角锉、方锉和圆锉等，这样来适应各种表面的锉削，如图 3-26 所示。

2.异形锉

异形锉是用来加工零件上特殊表面用的，有弯头和直头两种，模型塑造用得较少。

齐头扁锉

矩形锉

三角锉

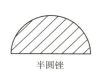
半圆锉

圆锉

图 3-26　锉刀的截面形状

3. 整形锉

整形锉用于修整工件上的细小部分，它可由 5 把、6 把、8 把、10 把或 12 把不同断面形状的锉刀组成一组，模型塑造用得较多，如图 3-27 所示。

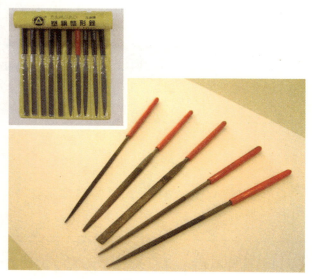

图 3-27　组锉

各种类别、规格的锉刀，按 GB 5809-86 规定，可用锉刀号表示。锉刀的类别与形式代号如表 3-1 所示。

表 3-1　　　　　　　　　　　　　　　　锉刀的类别与形式代号

类别	类别代号	形式代号	形式	类别	类别代号	形式代号	形式
钳工锉	Q	01	齐头扁锉			01	齐头扁锉
		02	尖头扁锉			02	尖头扁锉
		03	半圆锉			03	半圆锉
		04	三角锉			04	三角锉
		05	矩形锉			05	矩形锉
		06	圆锉	整形锉	Z	06	圆锉
异形锉	Y	01	齐头扁锉			07	单面三角锉
		02	尖头扁锉			08	刀形锉
		03	半圆锉			09	双半圆锉
		04	三角锉			10	椭圆锉
		05	矩形锉			11	圆边扁锉
		06	圆锉			12	菱形锉
		07	单面三角锉				
		08	刀形锉				
		09	双半圆锉				
		10	椭圆锉				

3.3.3　锉削姿势及锉削用力与速度

1. 锉刀握法

锉刀长度大于 250mm 的握法。右手紧握刀柄，柄端抵在拇指根部的手掌上，大拇指放在刀柄上部，其余手指由下而上地握着刀柄，左手的基本握法是将拇指根部的肌肉压在锉刀头上，拇指自然伸直，其余四指弯向手心，用中指、无名指捏住锉刀前端。锉削时右手推动锉刀并决定推动方向，左手协同右手使锉刀保持平衡。如图 3-28 所示为中、小型锉刀的握法。

  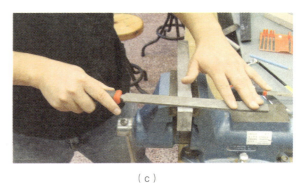

　（a）　　　　　　　　　　　（b）　　　　　　　　　　　（c）

图 3-28　锉刀的握法

2. 曲面的锉法

最基本的曲面是单一的外圆弧面锉法，当余量不大或对外圆弧面做修整时一般采用锉刀顺着圆弧锉削，如图 3-29~图 3-31 所示，在锉刀做前进运动时，还应绕工件圆弧的中心做摆动。当锉削余量较大时可采用横式圆弧锉的方法，按圆弧要求锉成多棱形，然后再用顺着圆弧锉削，精锉成圆弧。

图 3-29　锉刀的握法

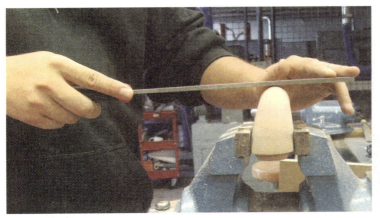

图 3-30　锉刀的握法

图 3-31　锉刀的握法

3.4 研磨类工具

3.4.1 砂纸及其使用

砂纸可分为干砂纸、水砂纸和砂布等，如图 3-32 和图 3-33 所示。干砂纸用于磨光模型；水砂纸使用时需沾水打磨物件；砂布多用于打磨金属件，也可用于木结构。在生产领域，每一道工序所使用的砂纸数目是有工艺要求的，但是在模型制作的过程中，可根据自己的需要选择砂纸。

为了得到光洁平整的加工面，可将砂纸包在平整的木块（或其他平面）上，并顺着纹路进行砂磨，用力要均匀先重后轻，并选择合适的砂纸进行打磨。通常先用粗砂纸，后用细砂纸。当砂纸受潮变软时，干燥后可以继续使用。

图 3-32　砂布　　　　　　　　　　　　　　　　　　图 3-33　砂纸

3.4.2 手持砂光工具的种类及其使用

常见的手持砂光工具有圆砂、平板砂和砂带机，换用不同粒度的砂纸可以进行不同程度的打磨工作。多数圆砂是旋转运动，平板砂是振动，砂带机是循环运动。其他特殊的还有三角砂，属于平板砂，用于阴角部位的打磨，还有一种另类小砂带，用于狭窄部位的打磨。在一般的使用中，从各种砂磨机工作方式的特性来看，圆砂和平板砂可能较适于精细砂磨和抛光，平板砂也能做三角砂的部分工作（见图 3-34~ 图 3-39）。

图 3-34　三角形砂震机　　　　　图 3-35　圆形砂震机　　　　　图 3-36　砂带机

图 3-37 砂布环带机带圆盘砂轮

图 3-38 台式砂带机

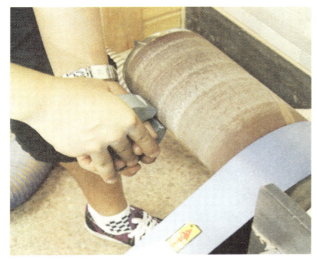

图 3-39 在台式砂带机上工作的状态

3.5 电动类工具

3.5.1 曲线锯及其使用

曲线锯可按照原计划要做的曲线，当然也可以是直线，在各类板材上锯割出具有较小曲率半径的几何图形，更换不同齿型的锯条，可以锯割木材、金属、塑料、橡皮、皮革和纸板等，它适用于汽车、船舶制造、木模和家具制造、布景和广告加工，还有模型制作（见图 3-40 和图 3-41）。

1. 使用前的注意事项

不要穿过分宽大的衣服和裤子，这样容易把衣服绞进工作区，发生危险。也不要穿短裤和拖鞋，这样容易伤到皮肤。在操作的时候戴一副护目镜，阻挡不知会飞向何处的锯屑，保护自己的眼睛。一副电焊工用的粗帆布手套，首先可以防止木刺和铁刺扎伤手，其次如果不小心手碰到了转动部分，可以在手受伤之前有足够的反应时间动作。

图 3-40　曲线锯　　　　　　　　　　　　　　　　　图 3-41　曲线锯的使用状态

但是不要使用普通的纺织棉手套，尤其是使用电钻时，宁愿不戴手套。因为手套上的细小纤维会缠进转动着的钻头刀刃。即使及时切断电源，高速旋转下的电机在惯性作用下还会工作很久。

2. 关于操作

曲线锯切割板材厚度一般在 5mm 以下的木板、塑料板和 0.3mm 以下的铁皮。选用合适的锯片，每个款式的锯片也根据被切割材料的材质、厚度，切断面的粗糙度，切割效率，锯片的材料等级分为很多种类，请根据自己的需要正确选用。**值得一提的是换锯片时一定要拔出电源插头！**

切割厚的金属的话要使用切割液。切割液的作用是为了润滑锯片运动、排除细小锯屑、防止锯片过热产生火弧和延长锯片寿命。如果没有专用的，可用普通发动机机油和肥皂水等代替。切割厚金属板时使用切割液是必要的，但并不是像车床上或线切割机床上用的一样，用管子边切割边浇灌，**这样是有可能触电的！** 一个比较好的方式是在金属板两面要切割的缝的位置和锯条两面用毛笔刷上几遍就可以了；在切割中视情况再重复添加即可，只要液体没有灌进锯子里面还是安全的。

3. 切割方法

（1）直线切割。用尺子在板材上画一条直线，锯子底座紧贴板面，用手按住并控制好曲线锯的进取方向就可以。如果切割线和板材的一边完全平行的话，可以用附件中的那根金属导架辅助。使用时大头一端紧靠在板材的基准边，另一端插进锯子底座上预留的插孔，导轨上面有基准刻度。按你所想要得到的宽度，插入到相应的刻度，用附带的两个内六角螺丝把导轨锁死。只要你保证锯时导架一边和板边紧贴，你就能锯出平直的板条。

（2）曲线切割。如果是半径较小的曲线的话，要使用宽度窄一点的锯条。直线锯条和曲线锯条是不一样的。如果下刀点在板的中间的话，要先用钻头钻个孔，才能下刀。曲线切割时请用最低速1 挡。

（3）圆形和圆弧切割。这个还是要用到导轨，而且要加工一下。自行在导轨大头的那端钻个孔，孔径 2~5mm 随意，孔的位置最好距离 "0" 刻度 1cm 或 2cm，这种整数是为了能再利用导轨上原来的尺寸刻度计量。然后倒扣在板材上，用比孔小一号的钉子或木螺丝固定与要切割的圆周的圆心点，调整好半径尺寸，如起始下刀点在板材中央的话，还是要用钻头打个孔作为起刀点。

（4）切割斜边。大部分机型可以切割45°内的斜边。使用时把底座和锯体连接的螺丝松开，先水平横向移动底座到最右端，再纵向移动底座到所需的角度即可。底座上面有刻度的可以参考。使用完后请把底座复位。而且此功能仅适用于直线切割，否则锯片可能会断掉。

3.5.2　手电钻及其使用

手电钻为模型制作时钻孔或辅助其他技术时使用。

手电钻使用时应注意以下几点。

（1）钻孔时不宜用力过大过猛，以防止工具过载。

（2）转速明显降低时，应立即把稳，减少施加的压力。

（3）突然停止转动时，必须立即切断电源。

（4）当工作结束时，应慢慢拔出钻头。

（5）安装钻头时，要使用设备自带的"钥匙"，不许用锤子或其他金属制品物件敲击。

（6）在较小的工件上钻孔时，在钻孔前必须先固定工件，这样才能保证钻时使工件不随钻头旋转，作业质量高，也保证了作业者的安全（见图3-42）。

图3-42　手电钻

3.5.3　台式电锯及使用

1. 切割电锯

切割电锯是在制作模型时裁料和修边的专用工具，有介铝切割电锯、曲线电锯、带电锯等多种类型，各自有不同的使用功能。使用时需要注意以下几个方面。

（1）按照切割样品形状及其大小尺寸，正确调整辅助导向板位置，确保切割平稳。

（2）在操作切割样品的整个过程中，操作者严禁戴手套作业，头和手严禁接近锯片。

（3）在切割小样品时，必须垫以苯板泡沫辅助进样，避免手接近割带。

（4）设备正常运行过程中应平稳（见图3-43）。

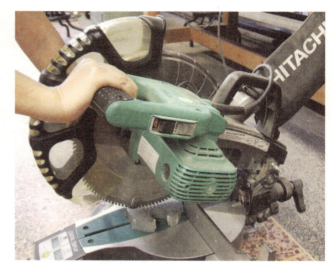

图 3-43　介铝切割电锯

2. 线切割电锯

在模型制作中，线切割电锯能切割出想要的曲线条。如图 3-44 所示，在使用此设备时，需注意以下问题。

（1）检查锯条是否牢固，且松紧度适中。

（2）锯切的角度（锯条与木板的角度）约成 90°，如此锯切速度较快，而且锯条也不容易断。

（3）锯切进行转弯时，一定要边锯边转，否则锯条会被拧断。

（4）最后记得放慢速度，轻提轻放，全身肌肉放松，特别是手指与肩膀。

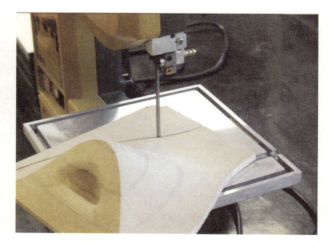

图 3-44　线切割电锯

3.5.4　电砂轮

如图 3-45 所示，砂轮机可以把模型中不需要的部分打掉，是模型制作必不可少的工具。在使用时需要注意如下几个事项。

（1）使用前应检查砂轮是否完好（不应有裂缝、裂纹或伤残），砂轮轴是否安装牢固、可靠。砂轮机与防护罩之间有无杂物，是否符合安全要求，确认无问题时，再开动砂轮机。

（2）操纵者必须戴上防护眼镜。

（3）砂轮机开动后，要空转 2~3min，待砂轮机运转正常时，才能使用。

（4）使用砂轮机时，人不得直对砂轮运转方向。

（5）磨工件的时候，不能用力过猛，不准撞击砂轮。

（6）在同一块砂轮上，禁止两人同时使用，磨削时，操纵者应站在砂轮机的侧面，不要站在砂轮机的正面，以防砂轮崩裂，发生事故。

（7）砂轮不准沾水，要常常保持干燥，以防湿水后失去平衡，发生事故。

（8）砂轮磨薄、磨小和使用磨损严重时，不准使用，应及时更换，保证安全。

（9）砂轮机用完后，应立刻封闭电门，不要让砂轮机空转。

图 3-45　电砂轮

3.5.5　台钻

台钻使用在模型工件需要钻孔的时候，与手电钻相比较，钻的孔洞较垂直、工整。台钻的种类很多，常用的有台式钻床、立式钻床和摇臂钻床三种。型号如：Z4016Z（钻床类）、ZQ（轻型钻床类）、ZTQ（特轻型钻床类）、3（摇臂钻床）、4（台式钻床）、5（立式钻床）、0（0 型钻床）、16（最大钻孔直径为 16mm）。图 3-46 是其中一种，为摇臂钻床。

可供钻不同孔径的钻头和开孔器，如图 3-47 所示。

使用开孔器钻要求较大孔径的孔洞，如图 3-48 所示。

使用台钻时需注意以下几点。

（1）严禁未经专业操作培训人员使用。

（2）使用钻床时，绝对不可以戴手套，变速时必须先停正再变速。

（3）钻头装夹必须牢固可靠，闲杂人员不可在旁观看。

（4）钻通孔时，使钻头通过工作台让刀，或在工件下垫木块，避免损伤工作台面。

（5）要紧牢工件，尤其是薄金属件，避免甩出伤人。

（6）钻削用力不可过大，钻削量必须控制在允许的技术范围内。

（7）不可以带病作业，使用结束必须关闭电源。

图 3-46　台钻

图 3-47　钻头与开孔器

图 3-48　开孔动作

本章练习与思考题

1. 能列举各类尺的不同用法吗？

2. 裁切类工具有哪些？它们之间的用法有什么不同？

3. 锉削类工具有哪些？它们的用途有什么区别？

4. 简述研磨类工具的使用特点。

5. 简述各类电动工具的使用特点及它们都能做些什么。

第4章
Chapter4

制作的条件和准备

4.1 制图技术与思维

在工业设计中，为了正确表达产品的形状、结构和材料等相关内容，设计者通常把产品按一定的投影规律和方法并遵守相关的规范来绘制图纸，用于表达设计思想，这种图纸称之为工程制图。它的实施过程是一种从三维思想——二维表达——三维加工的过程，要求设计人员必须具备较强的三维空间想象能力和二维表达能力。工程图样是产品设计图样的表达方式，具有合理和科学的实用性，它承载着产品加工过程中技术手段实施的依据。工程制图是工程技术科学相互渗透结合而成的一门综合性学科，它是人类把握事物、掌握问题、表达数据的一种直观的思维活动，它具有形象、直观、精确和简洁的特点，是人类形成认知规律、培养创新思维的主要途径之一。

工业设计的模型塑造过程是伴随着工程制图的思维来展开的，是由平面为切入点，进而开展交集到立体的过程，如图 4-1 所示。如果把其中绿色实体部分看作我们要做的模型的话，我们就可清晰地看到，它是由 V 主视图、W 左视图和 H 俯视图交集而来的，这是制作模型的思维方式。

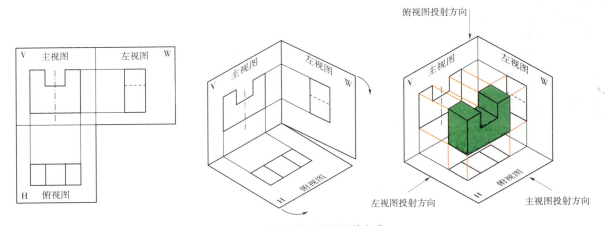

图 4-1　模型制作的制图思维方式

4.2　塑造前的思考准备及预想表达分析

　　作为模型塑造的对象——产品是存在一个空间中的，它是有形态特征的，是有空间概念的，那么它又是怎样形成的呢？产品并非是实心的，产品的壳体将产品划分为内外两个空间，作为内空间是一个相对封闭的围合空间，而外空间则是展现出 N 多种特征的，是模型制作应该研究和分析的。

　　将一个立体的纸盒展开摊平，人们会发现这个纸盒是由前、后、左、右、上、下六个面组成的。这只是一个简单的方盒子，虽然产品的形态是多种多样、千变万化的，而且并非都是四四方方的，但我们却可以通过这个简单的盒子去理解那些形体复杂的产品，因为它们与这个方盒子只不过是组成的面的数量和构成面的性质存在差异，而形体的产生或者说内外空间的形成无论是简单形体还是复杂形体，首先都是由面构成的，如图 4-2 所示。

图 4-2　形体的构成

4.3　由平面构成的产品

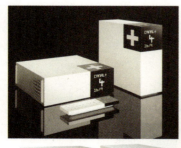

　　几何学中，两条相交直线构成的面为平面，前面提到的盒子，就是由平面围合而成的。观察一下我们的生活，很多产品都是由平面组成的。如图 4-3 所示。如果要制作这类产品，就像制作上图的盒子的方法一样，按需要的尺寸，下好平面的料，边对边粘接即可。当然，制作过程中有许多具体的方法还是要注意的。

　　平面模型制作的第一步是开料，是指按照模型尺寸开始下料。在开料前必须按照制作对象的形态，通过分解，绘制出每个立体部分的展开图和平面图，并对每个平面图和展开图标注详细的尺寸。依照平面图和展开图在材料板上画出形体轮廓，如图 4-4 所示。

图 4-3　由平面构成的产品

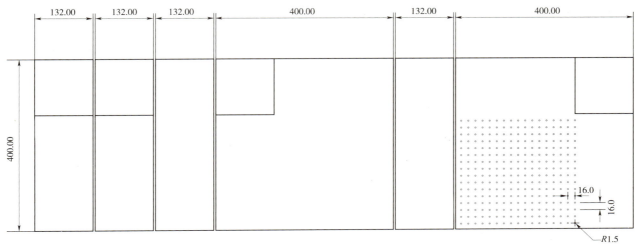

图 4-4　材料板上的形体轮廓图

　　在切割线性平面时，应按照要求的尺寸用刀具来准确划线，与其他材料不同，那种事事均留加工余量的做法在塑料模型制作中是不可取的。对于需求的尺寸要采用金属的划线工具来完成准确划线的工作。划线时，刀刃必须垂直于加工材料面，另一只手按紧钢尺，用力划线；将板上划好的线，对齐操作台的边缘，一只手按紧板，另一只手沿着操作台边缘的另一方向用力往下按压，这时板材会沿着刀刃划线处准确的断开。对于平面曲线的开料，则不能直接用手来完成，而要借助于线锯来沿曲线走势锯开，或借助于平面的模板应用钩刀，以取得必要的、准确的形体。值得特别强调的是直线平面板材画线必须准确，开料必须到位，不留加工余量，如图 4-5 所示。

　　准备进行粘接，把各个面的位置归纳清楚，各个零件的边界修理平整，如图 4-6 所示。

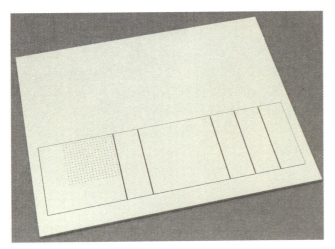

图 4-5　切割线性平面图

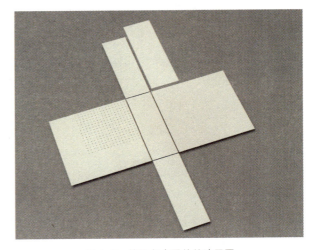

图 4-6　修理各个零件的边界图

　　把各部分进行垂直拼接，注意宽座直角尺的运用，如图 4-7 所示。

　　各部分垂直粘接完毕，修整边角，按预想效果喷涂色彩，整个产品模型制作完毕，如图 4-8 所示。

图 4-7　垂直拼接图

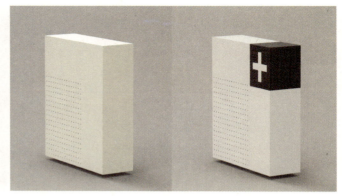

图 4-8　产品模型制作完成图

4.4　单曲面产品及制作特征分析

　　相对于平面而言，单曲面是平面的单向变形，使原先的二维平面演变为三维空间。单曲面是柱面的一部分，随着其变形曲率的增大，最终围合成柱面，一个产品可以由多个不同曲率的单曲面组合而成，过度细腻、变化丰富。单曲面较之平面，具有活泼、顺滑、富有内在张力和运动感等特点。制作特点是首先制作单曲面需要的龙骨，然后把板材沿龙骨一边施加压力一边粘接，如图 4-9 和图 4-10 所示。

图 4-9　单曲面构成的产品

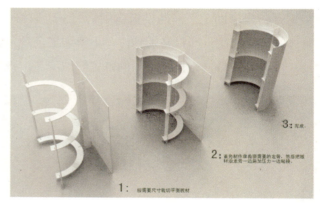

图 4-10　单曲面构成的产品制作原理

4.5　双曲面产品及制作特征分析

　　双曲面产品是平面的双向变形，形成穹顶结构，双曲面是球面的一部分。自然界中许多物体都是由双曲面构成的。就像棱角分明的石头经过溪水的冲刷，变成圆滑的鹅卵石。经过多年的切身体验，人们得出这样的经验，双曲面的物体手感舒适，这种经验触觉扩展至视觉以至整个心理感知，从而使双曲面具有细腻、精致、亲切、舒适的特点，如图 4-11 和图 4-12 所示。双曲面产品的模型制作特点为：①直接在原材料上塑造，材料可为苯板、密度板、石膏和塑料板等。② ABS 塑料热压成型，如图 4-13 所示。具体制作方法在下一章详细介绍。

图 4-11　双曲面构成的产品

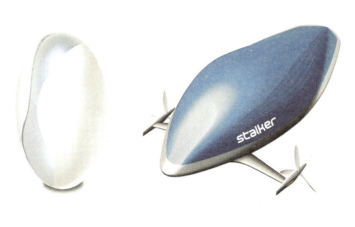

图 4-12　双曲面构成的产品

图 4-13　由密度板与 ABS 塑造的双曲面产品

4.6　综合面产品及制作特征分析

　　一个产品设计造型中，是由很多个面综合相接而成的，其中有平面、单曲面和双曲面。他们之间的关系或垂直或相交或相切……因此，一个产品的面构成一般都是综合的。我们分析了空间形成的基础——面，并对三种不同性质的面分别进行了简要的分析，在实际设计中，一个形体往往是由这三种不同性质的面综合而成的，面与面的过渡也是非常微妙的，并非如我们所述的那样绝对。正是这些面的综合及微妙的过渡，才形成了形态的各异，如图 4-14 所示。

图 4-14　综合面产品

　　本章所述目的是启示读者，在制作模型之前，做好产品形态特征的分析，继而选择适合的模型制作技术，这样才能事半功倍。像上述综合面的制作，就要结合多种技术在一起，才能完成制作。

本章练习与思考题

　　1. 制图技术对于模塑的意义是什么？
　　2. 平面、单曲面、双曲面的特征及加工特点是什么？

第5章
Chapter5

制作原理及过程

按照模型制作的技术和原理把模型制作的方法分为：①原型塑造；②热压塑造；③模具翻制塑造。

5.1　原型塑造过程及范例

模型塑造的原型，通常是能全面反映产品功能的形体，用概括的手法表示产品的造型风格、布局安排，以及产品与人、环境的关系等，从整体上表现产品造型的整体概念。由于原型制作成本低、便于修改等优点，设计者一般通过原型草模来呈现产品的设计方案。它一般内部是实心的。

5.1.1　原型塑造原理

本节主要介绍原型塑造的技术原理，为方便观察，特用电脑辅助表现，如图 5-1 ～图 5-11 所示。

图 5-1　原型塑造原理过程

图 5-2　在规整好的胚料表面上，画好想要制作模型的三个视图，画图时注意三个视图相互对齐的原则

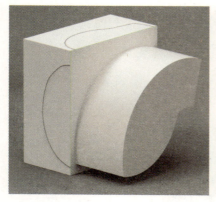

图 5-3 从一个视图着手，沿视图边界垂直切割至其他视图中线，这样是为了保证形态的正确

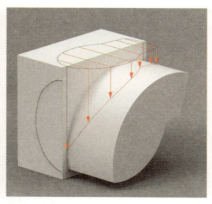

图 5-4 把顶视图剩余的一半沿中线镜像，并投影到切割好的形体上，以备切割之用

图 5-5 沿投影线作垂直切割，以保证形态准确

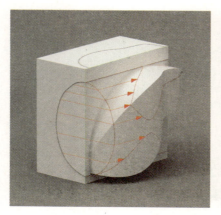

图 5-6 把侧视图剩余的一半沿中线镜像，并投影到切割好的形体上，以备切割之用

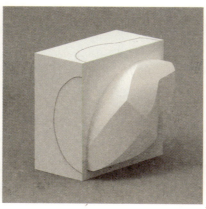

图 5-7 沿投影线作垂直切割，以保证形态准确

图 5-8 沿中线把俯视图镜像过来，这时的形体较复杂，镜像不是很容易，毕竟是手工操作三维曲面，但我们尽量保持数据准确

图 5-9 沿投影线作垂直切割，以保证形态准确

图 5-10 沿中线把完成的半部分的特征镜像到另一半，本阶段要注意测量工具的应用，注意视图的对应关系

图 5-11 导边、塑造圆角，本阶段应注意截面图形的应用，并注意视觉精度的概念体现

5.1.2 苯板草模

苯板分量轻、质地软，用刀、木锉很容易削制成型。在立体表达中，对于一些体量较大的形体，可以用板材围合而成，也可以像三合板那样粘接成一个实体，然后用刀削制。苯板削制要求刀片一定

要锋利，否则走不动刀，使用木锉，最好为小号，否则苯板表面容易粗糙。苯板在削制出大致形体后，可以用细砂纸对其表面进行打磨，使表面光滑。另外，在打磨表面上可以刷一层乳胶漆，待干后，可在其表面进行喷漆处理。如果没有乳胶漆保护，油漆会腐蚀苯板。

1. 准备工具

粗木锉刀、细木锉刀、钢锯片、美工刀、油性签字笔、400 号砂纸、200 号砂纸、直尺和曲线尺。

2. 制作过程

（1）对材料进行初步加工，对切割好的形体，六面磨平，面与面最好为直角，这样上面画图会相对准确，如图 5-12 所示。

图 5-12　对材料进行初步加工

（2）在经过加工磨平的材料表面用油性签字笔画出主要尺寸视图，并依据视图做垂直切削，如图 5-13 所示。

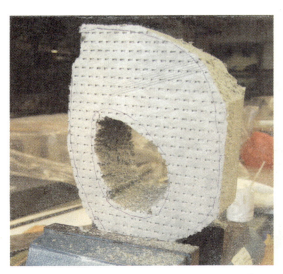

图 5-13　画出主要尺寸视图并垂直切削

（3）在削制完成的主视图的立面，用油性笔画好中线，并依据左右对称的原则，画好侧视图，如图 5-14 所示。

（4）根据轮廓线，使用小型锯片，或用切割器，切割模型两边的余料，并找好左右对称，如图5-15 所示。

图 5-14　画好侧视图　　　　　　　　　　图 5-15　切割模型两边的余料

（5）在模型上画出外形各部分需要导边的细节，并用木锉进行修圆，如图 5-16 所示。

（6）注意模型的左右对称，本阶段注意尺规的运用，如图 5-17 所示。

图 5-16　画出导边的细节并进行修圆　　　　　图 5-17　运用尺规使模型的左右对称

（7）作好细部视图的规划，并沿轮廓线做好形体的切削，如图 5-18 所示。

（8）模型大形修整完成，如图 5-19 所示。

图 5-18　形体的切削　　　　　　　　　　　图 5-19　大形完成图

（9）在大体完成的模型上，再用细砂纸研磨、修整模型的细微部分，本阶段注意根据不同的形态特点，采用不同的砂纸握持手法，如图5-20所示。

图5-20　研磨细部

（10）细修基本完成，如图5-21所示。

（11）苯板制作的模型基本完成，制作时间2h，作为设计师评审方案的草模，精细程度基本够用，目的基本达到，如图5-22所示。

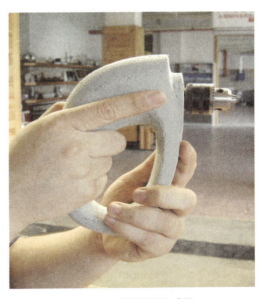

图5-21　细修完成图　　　　　　　　　　　　　　　图5-22　苯板模型完成图

5.1.3　密度板原型

密度板易于加工，可制作得比较精细，经过涂饰处理可以模仿多种材质的效果，而且比较容易与其他材料结合。并且在制作模型的ABS压型过程中，作为原型模具，比其他材料更具有优势。

1. 准备工具

粗木锉刀、细木锉刀、切割锯、美工刀、油性签字笔、400号砂纸、200号砂纸、直尺和曲线尺等。

2. 制作过程

（1）准备原料。根据模型的需要，应选用恰当的材料，如高密苯板、实木、手板木和密度板等，本案例选用密度板（见图5-23）。

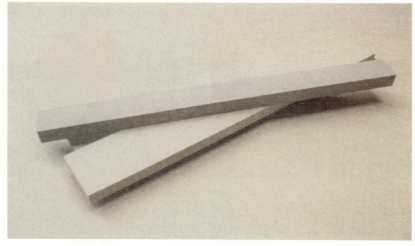

图 5-23　比较适合制作原型的高密度板，有 15mm、18mm、20mm、25mm、30mm、35mm 等多种厚度规格

（2）对材料进行初步加工，根据尺寸需要切割材料，并对切割好的材料进行规方修整（见图 5-24 和图 5-25）。

图 5-24　使用电动切割锯裁切密度板，可得到较规矩的模型原料

图 5-25　如果裁切的密度板有误差，可使用砂纸打磨使其规方

（3）在经过加工磨平的材料上，根据设计尺寸和比例，运用尺规绘制清晰准确的模型视图，并标出中心线（见图 5-26 和图 5-27）。

图 5-26　使用尺规等工具在材料上绘制模型三视图　　图 5-27　各个面的视图要通过辅助线对正，第一个加工面的视图可简略绘制

（4）根据画好的轮廓线，使用木锯、木锉、角磨机等工具，削除模型侧视图轮廓线外部的多余材料（见图 5-28）。

图 5-28　先对主面进行锉削，此过程是沿侧视图的最外轮廓进行投影式的平面修整，不可进行曲面加工

（5）在现有加工好的模型面上恢复该面的投影视图，此次应画出外形各部分的细节（见图 5-29）。

（6）使用上述方法对其余几个面进行投影式的锉削和修整，形成由单曲面构成的形体（见图 5-30）。

（7）使用木锉刀及粗、细砂纸等工具按步骤进行模型双曲面的加工与修整（见图 5-31~图 5-33）。

图 5-29　恢复完成主视图，准备加工第二个工作面　　图 5-30　对主视图轮廓进行加工的过程　　图 5-31　使用圆锉对主视图正面形态进行双曲面的初步锉削，应留有一定的加工余量

图 5-32　锉削完成后，再使用粗砂纸、细砂纸逐步完成该曲面的修整

图 5-33　锉削完成的模型效果，由于还要精加工，因此该过程应留有零点几毫米的加工余量

（8）在大体完成的模型上，再用细砂纸研磨和修整模型的细节部分，并最后完成作品，如图 5-34 所示。

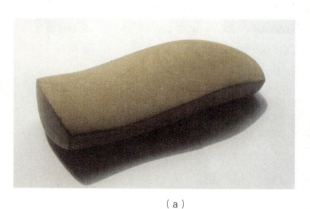

（a）　　　　　　　　　　　　　　　　　　　　（b）

图 5-34　模型精加工完成的各角度效果
（作者：焦宏伟、胡海权、张真）

5.2　热压塑造过程及范例

5.2.1　由 ABS 制作的表现模型

　　ABS 及有机玻璃的压制成型。塑料模型一般用 ABS 材料和有机玻璃制作。塑料模型较适合对一些表面效果要求较高的产品。用 ABS 及有机玻璃加工成的模型具有表面效果好、强度高、保存时间

长等特点。但此材料加工需要一定的工具和设备，并且材料的成本相对较高，加工工艺也比较复杂。ABS 是热塑性塑料，对原始形态有较强的记忆性，化学性良好，并具有很好的韧性和刚性，加工较容易，切削性良好。ABS 板用烤箱等恒温设备加热到 120℃左右即可变软，然后通过模具对其进行冲压成型。

制作塑料模型需要的工具以钳工工具为主，与加工金属、木材的工具大致相同。可用锯、刀、剪、锉来对不同的棒材、块材、板材和管材材料进行切割、削锉加工。制作中还需要钻孔工具及各种直径的钻头、台钳、测量工具、压制工具、不同细度的砂纸和辅助材料。以及美工刀来切割各种类型的塑料板，进行精确的划线。遇到曲线、圆等还需要使用曲线板、铁制划规来完成。

在具体制作模型前，应先要有用于压制的阳模（用石膏或密度板制作）和压模板（最好使用 9cm 板或中密度板制作），在制作模具和压模板时，必须考虑材料的厚度，把材料的厚度作为模具缩放、压模板制作的尺寸依据（压模板与原模间留有 ABS 板的厚度）。模具、压模板制作好了之后，将模具置于平整的操作台上，将 ABS 板在电烤箱内或电炉上加热，使之受热变软，放在模具上，双手持压模板用力往下压。待稍微冷却后，取出模具。而完全冷却后由于材料的收缩将不易取模。操作时要注意安全，戴上手套进行操作。

本实例是以上一节的密度板原形作业为模具，进行的 ABS 压制成型的范例（见图 5-35~ 图 5-45）。

（1）模型压制前需要准备的密度板模具及压膜板和 ABS 板，厚度从 0.3 ~ 10mm 的 ABS 板均可压制，压制效果较好也是最为常用的是厚度为 2mm 左右的 ABS 板。

图 5-35　密度板模具及压模板和 ABS 板

（2）把 ABS 进行加热烘烤，使其变软，可用于压型。医用的恒温干燥箱烤是较好的 ABS 板烤制设备，其温度设置的原则是 ABS 板越厚或形态的复杂程度越大其温度设置越高，反之越低，最好不要高于 160℃，否则 ABS 会被烤化，内部产生蜂窝导致材料脆化。

图 5-36　用于 ABS 烤制的恒温干燥箱烤

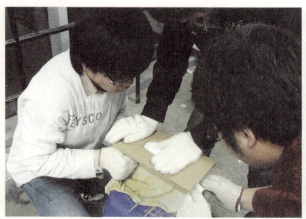

图 5-37　ABS 压制过程

图 5-38　ABS 压制状态

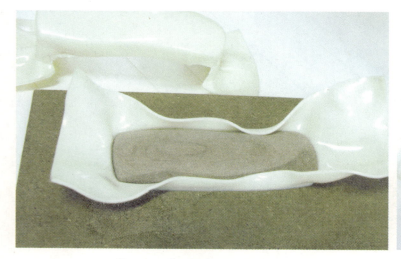

图 5-39　待 ABS 冷却后，取出形体

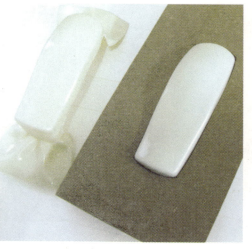

图 5-40　ABS 压制状态

（3）模型压制最好由两人负责将烤软的 ABS 板绷平放在模具上方，另一人负责用套模压制，配合完成。

（4）使用钢锯裁去原始曲面的边角料，然后用电磨或砂轮机对塑料的边角进行打磨处理，使用平挫、半圆挫、圆挫、方形挫对细节部分进行整修，得到要求的曲面，如图5-41所示。

（5）对设计的细节进行画图，并做裁切、修整，制作出小的细节部件。如图5-42~图5-44所示。

图 5-41　ABS 部件的修整

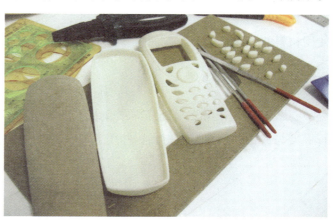

图 5-42　ABS 细节部件制作 1

图 5-43　ABS 细节部件制作 2

图 5-44　ABS 细节部件组装

（6）制作完成，并做表面打磨，对于ABS来讲，一定要使用细的水性砂纸，这样表面利于装饰喷漆，如图5-45所示。

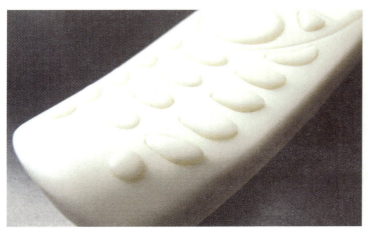

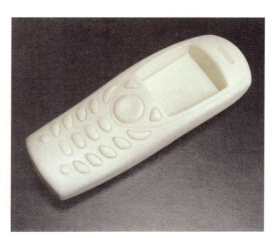

图 5-45　制作完成图

5.3 模具翻制塑造过程及范例

在模型塑造课程中有些需要复制的形体和需要特殊材质的部件往往会采用翻制的方法来加工，按使用材料的不同可分为石膏翻制、AB水翻制、玻璃钢和硅胶翻制等，下面分别介绍其制作方法。

5.3.1 石膏翻制

石膏的特性在第2章已经详细介绍了，这里就不再重述。在模型制作当中，如果采用牙科石膏进行模型与模具的翻制，可得到比使用普通石膏质地更坚硬更细腻的模型或模具。如图5-46所示。

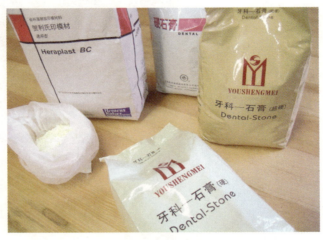

图 5-46　牙料石膏

（1）石膏成型多为灌铸，通常用玻璃板，木板或塑料板围合成大致的控制形体的"围墙"，把要翻制的原型放入其中，因为石膏和石膏之间是会相互粘连的，但液体肥皂就可以杜绝渗水，防止这种粘连的情况出现。用海绵蘸取后涂在石膏模具表面，然后再用一块干净的湿海绵擦掉，这个步骤需要重复三次。然后准备进行石膏浇注，如图5-47所示。

（2）石膏的调配一定要注意水的比例，通常先在容器中倒入我们需要体积量的水，然后将石膏均匀地洒入容器中，直至石膏露出液面。用棍棒单向均匀的搅拌，用力要轻，以免在搅拌时产生气泡，产生气泡会在形体上形成缺欠。当搅拌至石膏开始发热、变稠时，即可进行浇注，如图5-48所示。如果石膏中水分过多，则凝固较慢，且强度较差。

图 5-47　围合成形　　　　　　　　　　　　　　　　图 5-48　调配石膏

（3）石膏变硬通常需要半个小时，等时间到了，石膏发热、渐渐拥有强度，如图5-49所示。

（4）石膏已经成型，尽可能小心地将控制形体的"围墙"拆了，此时呈现在面前的，就是翻制的模具模型。通过该模具可再翻制石膏、陶瓷、硅胶等材料的原型成品，如图5-50所示。

图 5-49　石膏成型

图 5-50　完成图

5.3.2　玻璃钢制作的样机模型

手糊成型和喷射成型技术是制作玻璃钢模型最常使用的成型方法。所谓手糊成型技术是将玻璃纤维和不饱和聚酯或环氧树脂交互地层铺，粘接在一起。大部分的玻璃钢模型制作采用这种方法成型。手糊成型技术很少受到制品形状及大小的制约，模具费用也较低。喷射成型也称半机械化手糊法。喷射成型过程中，加引发剂的树脂和加促进剂的树脂分别由喷枪上的两个喷嘴喷出，用时切割器将连续玻璃纤维切割成短切纤维，由喷枪的第三个喷嘴，均匀地喷到模具表面上，用小棍压实，经固化而成制品喷射成型。它的缺点是树脂含量高，制品强度低，现场粉尘大，工作环境差。

手糊成型的基本制作程序包括以下几个环节。

1. 原材料准备

在开始手糊成型之前，必须准备好所用的工具、原材料、增强材料和树脂胶液，这是保证成型工作顺利进行的基础，如图5-51和图5-52所示。

图 5-51　玻璃钢制作专用工具

图 5-52　环氧树脂

（1）玻璃纤维织物的准备。

玻璃纤维布，如图 5-53 所示。一般需预先剪裁，简单形状可按尺寸大小剪裁，复杂形状则可利用厚纸板或透明胶片做成样板，然后按照样板剪裁，剪裁应注意以下几点。

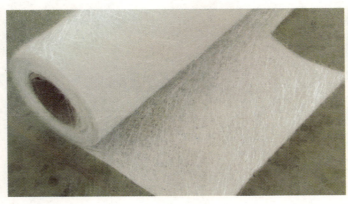

图 5-53　玻璃纤维丝与玻璃纤维布

1）对于要求各向同性的制品，应注意将玻璃布按经纬向纵横交替铺放。对于在某一方向要求较高强度的制品，则应在此方向上采用单向布增强。

2）对于一些形状复杂的制件，玻璃布的微小变形不能满足要求时，有时必须将玻璃布在适当部位剪开，此时应注意尽量少开刀，并把剪开部在层间错开。

3）玻璃布拼接时搭接长度一般为 50mm，对于要求厚度均匀的制件，可采用对接的办法。玻璃布拼接接缝应在层间错开。剪裁玻璃布块的大小，应根据制品尺寸，性能要求和操作难易来确定，布块小则接头多，会导致制品强度较低。对于强度要高的制品，应尽可能采用大块布施工。

4）糊制圆环形制品时，将玻璃布剪裁成圆环形较困难。这时可沿布的经向成 45°角的方向将布剪裁成布带，然后利用布在 45°方向容易变形的特点糊成圆环。圆锥形制品可按样板剪裁成扇形然后糊制，但也应注意层间错缝。

（2）模具的准备。

模具是手糊成型中的必备条件。在设计模具时，要综合考虑各方面的因素。模具必须要符合制品设计的精度要求以及有足够的刚度和强度，要容易脱模，如图 5-54 所示。

图 5-54　玻璃钢模具

1）模具的常用结构形式有以下几种。

a. 阴模。阴模的工作面是向内凹陷的，用阴模生产的制品外表面光滑，尺寸准确；但凹陷深的阴模操作不便。

b. 阳模。阳模的工作面是向外凸出的，用阳模生产的制品内表面光滑，尺寸准确，操作方便，质量容易控制，是手糊成型中最常用的形式。

c. 对模。对模是由阳模和阴模两部分组成。用对模生产的制品内外表面光滑、厚度精确。但对模在成型中要经常搬动，故不适宜大型产品的制作。

d. 拼装模。拼装模结构比较复杂，一般用于结构复杂制品的制作。

模具材料包括木材、石膏、石蜡、混凝土、泡沫塑料、可溶性盐、低熔点合金、玻璃钢、金属等。玻璃钢最常用的模具一般由木模或石膏模翻制而成，其优点是质轻、耐久和制作简便，适宜于表面质量要求较高、形状复杂的中小型模型。对于精度要求高的小型批量生产的玻璃钢制品，则更多地采用金属模，常用的有铸铁、铸铝、铸铅台金和碳钢等。

2）玻璃钢模具应满足下几个方面的要求。

a. 收缩和变形要与原设计精度保持一致。

b. 具有良好的表面光洁度。

c. 能反复多次的承受固化时的放热、收缩、脱模时的机械和热冲击，模具使用寿命要长。

（3）玻璃钢模具的制作过程包括如下几个环节。

1）胶衣层制备。

为了改善玻璃钢制品的表面质量，在制品表面往往需涂一层树脂含量较高的通常称为胶衣层的面层。如图5-55所示。

图5-55　玻璃钢模具上的胶衣

胶衣树脂可采用喷涂和涂刷两种方法施工。胶衣树脂的喷涂厚度一般在0.3 ~ 0.5mm之间，喷涂量约为400 ~ 500g/m²。喷枪口径约为2.5mm时，适宜的喷涂压力是0.4 ~ 0.5MPa。如果喷涂压力太大，则材料的损耗也大。喷涂时喷枪的方向要与成形面垂直，移动速度要均匀一致，喷枪和成型面距离应保持在 400 ~ 600mm 之间，若离成型面太近，容易造成小波纹及颜色不匀。胶衣树脂也可以用毛刷均匀地涂刷。一般胶衣树脂的涂刷厚度控制在 0.25 ~ 0.5mm 之间，涂刷量均为 300 ~ 500g/m²。涂刷用毛刷的毛应短而柔软，涂刷垂直面时，应从下向上运动。涂刷应由模具的上部依次向下涂刷。涂刷的胶衣虽然厚度不易均匀，但与喷涂相比，树脂飞溅少，周围环境清洁。

制品的许多缺陷都是由于胶衣层涂刷不当引起的。如果不饱和聚酯胶衣层涂刷太薄，则易导致苯乙烯单体过量挥发，使胶衣层干燥而不是固化；如果胶衣层太厚，则在冲击外力作用下胶衣层会发生开裂；如果胶衣层没有凝胶就糊制玻璃钢，则易起皱。

2）糊制及固化。

待胶衣层凝胶后即可开始糊制，如图 5-56 所示。先在模具上刷一层树脂，然后铺一层玻璃布，并注意排除气泡，涂刷时要用力沿布的经向，顺一个方向从中间向两头把气泡赶净，使玻璃布贴合紧密，含胶量均匀，如此重复，直至达到设计厚度。铺第一层、第二层布时，树脂含量应高些，这样有利于浸透织物和排出气泡。厚的玻璃钢制品应分次糊制，每次糊制厚度不应超过 7mm，否则厚度太大固化发热量大，使制品内应力大而引起变形、分层。

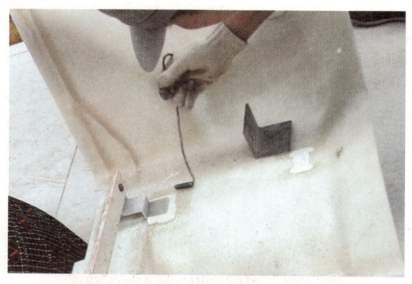

图 5-56　玻璃钢糊制

糊制时常会遇到直角、锐角、尖角及细小的突起、凸字等复杂的部位。这些直角、尖角等部位一般称之为死角区。这些死角区在制品设计时应尽量避免，如不能避免时，可酌情处理。具体处理方法是：当制品几何形状规整时，可用添加触变剂的树脂填充成圆角，待凝胶后再糊玻璃布。

当此死角区不仅要求几何形状规整，而且要求一定强度时，必须在树脂中加一些增强，如短切玻璃纤维、长玻璃纤维束，甚至可以预埋粗钢丝。对于细小的突起、柱、棱或凸字等处理方法是：当其对强度要求不高时，可用树脂浇铸的办法先把模具的沟槽部位填平（特别是一些凸字），然后再进行正常糊制。当要求具备一定强度时，就不能只用树脂浇铸最好先涂刷一层表面胶衣，待其凝胶后用浸胶玻璃纤维填满，再进行其他部分的正常糊制。另外一个比较方便的办法就是将预先加工的金属或玻璃钢件镶嵌此处，这对于柱体或突起的块状物是很合适的。糊制玻璃钢时，金属镶嵌件必须经过酸洗、去油，才能保证粘接牢固。为了使金属件几何位置准确，需要先在模具上定位。

如果是用短切毡作增强材料，含胶量一般控制在 65% ~75%；用粗纱布时，含胶量一般控制在 45% ~55%；当短切毡和粗纱布合用时，含胶量一般控制在 55% ~65%。糊制工作虽较简单，但操作者的熟练程度和认真态度对制品质量影响极大，要求做到快速、准确、含胶量均匀，无气泡及表面平整等。

手糊制品一般采用常温固化。糊制工段的室温应保持在 15℃ 以上，湿度不高于 80%。温度过低、湿度过高都不利于聚酯树脂的固化。制品在凝胶后，需要固化到一定程度才可脱模，脱模后继续在大于 15℃ 的室温条件下固化或加热处理。

手糊聚酯玻璃钢制品一般在成型后 24h 可达到脱模强度，在脱模后再放置一周左右即可使用，但是要达到最高强度值，往往需要很长的时间。升高环境温度，能够加速玻璃钢制品的固化反应，提高模具的利用率。手糊成型的环境温度最好是 25~30℃，这样的条件既适宜于施工操作，又可以缩短脱模时间。对于聚酯玻璃钢制品，在树脂凝胶前不宜加热处理，否则会引起交联剂挥发，造成制品难以固化。

3）脱模、修整及装配完成制作。

当制品固化到脱模强度时，便可进行脱模。脱模最好用木制或铜制工具，以防止将模具或制品划伤。用木手锤敲击制品、注意不能用手锤胡乱敲打，否则会损伤模具及制品的胶衣。可用刮板等把制品边缘挠开一点间隙，然后插入楔子，把制品脱下。用刮板和楔子脱模时要注意不要损伤模具的边缘。脱模后的制品要进行除去毛边、飞刺，修补表面和内部缺陷。大型玻璃钢制品，往往分几部分成型，机加工后要进行拼接组装。组装时的连接方法有机械连接和粘接两种。最可靠的办法是两种方法同时使用。如图 5-57 所示为完成的玻璃钢模型作品。

如制品需涂漆，则可先将表面残存的脱模剂去除，依次用 600 号、800 号、1000 号水砂纸加水打磨表面，然后按一般的油漆工艺进行上漆。

（a）

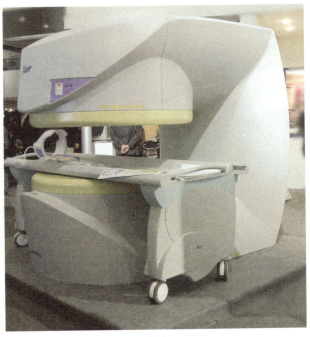
（b）

图 5-57　某厂家 0.35T 核磁共振玻璃钢样机模型
（设计：胡海权，制作：胡海权、焦宏伟）

5.3.3 PU胶翻制

PU胶（俗称AB水）：是一种专业翻制模型很常用的材料，它韧性好，硬度适中，好修补，黏合性强，填补、喷涂附着力强。分开A、B两罐装，每罐1kg，正常调和比例为1∶1（A∶B），固化时间5~10min，如能配合真空机使用效果更好。主要用于小批量模型的复制，固化后颜色多为白色或象牙色，固化物的材料特性接近ABS，具有良好的加工性能，如图5-58所示。

（1）翻制PU胶模型前需在模具的表面涂抹一层凡士林作为脱模剂，如图5-59所示。

图5-58　PU胶（PU胶）　　　　　　　　　　　　　　图5-59　涂抹脱模剂

（2）然后用干净的量具分别称取等量A液和B液，再放入容器快速混合搅拌均匀，如图5-60和图5-61所示。

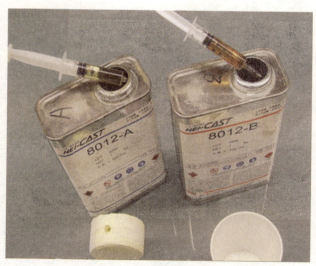

图5-60　称取等量A液和B液　　　　　　　　　　　　图5-61　混合搅拌均匀

（3）把PU胶及时注入准备好的模具内，最好使用真空设备抽出气泡，整个调制过程要控制在45s内。1min后开始固化，完全固化时间在10~15min，如图5-62所示。

（4）待其完全固化即可取出模型，该方法可复制多个相同的模型部件，如图5-63所示。

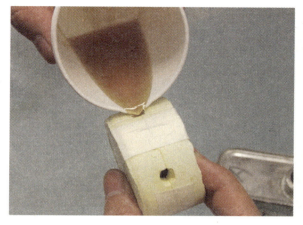

图 5-62　注入 PU 胶

图 5-63　使用石膏模具翻制完成的 PU 胶模型（乳白色）及其原型（黑灰色）
（作者：焦宏伟）

5.3.4　硅胶翻制

　　硅胶又称制模硅橡胶，是一种双组分化合物，只要在原料里加入 2% 的固化剂，便可形成有柔韧弹性的橡胶体，适用于生产工艺品及复制产品和制造模具等。

　　（1）先将涂好脱模剂的原型放入模具框，再将调制均匀并进行了抽真空排气泡处理的硅胶倒入其中，如图 5-64 所示。

　　（2）待注入的硅胶干燥成型后，即可将原型与模具分离，完成硅胶模具的翻制，如图 5-65 所示。

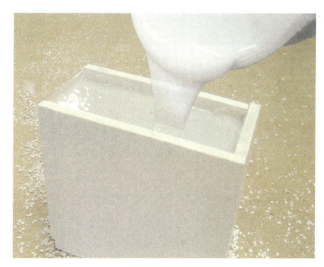

图 5-64　将调好的硅胶倒入模具

图 5-65　取出的成型件

　　（3）成型后的硅胶件可作为模具使用，硅胶模具可进行石膏、PU 胶、硅胶、树脂等材料的上百次翻制，如图 5-66 所示。

　　（4）使用硅胶模具翻制的硅胶模型，在硅胶的原料中加入油性颜料即可调制出所需的彩色模型。完成的硅胶模型具有较好的韧性和质感，如图 5-67 和图 5-68 所示。

　　（5）翻制完成的硅胶模型能更好地展示产品的功能和结构特性，如图 5-69 所示。

图 5-66　硅胶模具

图 5-67　硅胶模具与硅胶模型

图 5-68　硅胶模具与硅胶模型

图 5-69　硅胶模型完成效果
（作者：焦宏伟）

本章练习与思考题

1. 简述原型塑造的原理。

2. 适合原型塑造的材料有哪些？它们的特点是什么样的？

3. 讨论表现模型塑造的过程及制作特点。

4. 适合模具翻制塑造的产品有哪些？

第6章
Chapter6

综合模型制作

6.1 ABS 制作的样机模型

样机模型也称功能模型（Working sample），可用于研究和测试产品的结构及技术可行性。换句话说，不仅外观像真正的产品，内部结构也要清晰可辨，且有恰当的装配关系。主要是把设计师的构想和产品的功能表现出来，使用与生产相同的材料，依照尺寸、平均肉厚制造，每个部件、零件均能独立动作与实际生产的产品相同。

模型的样机除了注重产品的外形外，重点注重产品的内部结构，结构限定了内部空间的大小、内部系统的组合及工作方式，并为外部形态发展建立了一个大致的轮廓。产品的结构是否合理，直接影响了产品的外观、强度、质量。产品的结构首先应该具备功能性特征。例如塑料制品内壁的加强筋，起到增加产品壳体强度的作用，同时有效地分割了内部空间。通过有序的设计，渗透出充满理性的美，如图6-1所示。

图6-1　样机模型内部空间

常用的样机制作材料主要有 ABS、AS、PC、PMMA、PS、HIPS、PP、POM 等，其中常用的透明塑料有 PC、PMMA、PS、AS。高档电子产品的外壳通常采用 ABS+PC；显示屏采用 PC，如采用 PMMA 则需进行表面硬化处理。在学校的模型塑造作业中通常选用 ABS 材料。

样机的外形主要都是由上、下壳组成，理论上上下壳的外形可以重合，但实际上由于模型的制作精度、制作条件等因素影响，造成上、下外形尺寸大小不一致，所以我们要尽量使产品上、下壳保持一致。

图 6-2　样机模型内部安装柱制作案例

6.1.1　装配设计

指有装配关系的零部件之间的装配尺寸设计。主要注意间隙配合，即通常说的留有工装缝。也要设计机体内部的安装柱，如图 6-2 所示。

1. 止口与扣位

止口，指的是上壳与下壳之间的嵌合。设计的尺寸应留 0.5~1.0mm 的间隙，嵌合面应有 1.5°~2° 的斜度。端部设倒角或圆角以利装入。上壳与下壳圆角的止口配合。应使配合内角的 R 角偏大，以增大圆角之间的间隙，预防圆角处的干涉，如图 6-3 所示。

扣位，主要是指上壳与下壳的扣位配合。在考虑扣位数量位置时，应从产品的总体外形尺寸考虑，要求数量平均，位置均衡，扣位设计应考虑预留间隙，如图 6-4 所示。

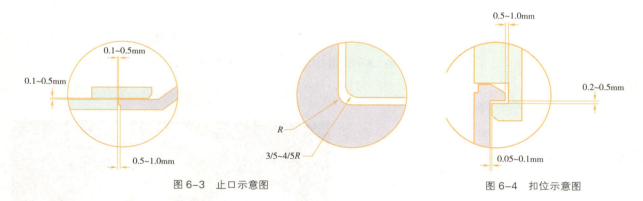

图 6-3　止口示意图　　　　　　　　　　　　　　　　　图 6-4　扣位示意图

2. 螺丝安装柱

产品样机模型一般采用自攻螺丝，直径为 2~3mm，安装柱的设计如图 6-5 所示。

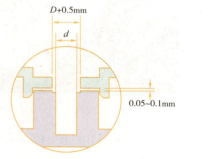

图 6-5　螺丝安装柱示意图

D	d
2.0	1.7
2.6	2.3
3.0	2.6~2.7

以上表中所提供的是 HIPS 和 ABS 材料常用螺丝孔尺寸，对于不同的材料，螺丝孔尺寸有所不同，一般来说，比较软、韧性较好的材料 d 值小，较脆的材料所选 d 值要大一点。

6.1.2　结构设计

　　壳体基本厚度，不宜过薄，否则外形强度不足，容易导致变形、断裂等问题的出现，过厚则浪费材料，制作时也不好加工。一般外壳壁厚控制在 2~3mm。同时要考虑机体内部的加强筋设计，如图 6-6 所示。

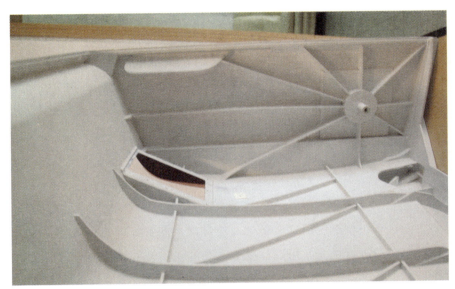

图 6-6　样机内部结构设计示意图
（作者：胡海权、焦宏伟）

6.1.3　修补

　　ABS 板加工时受到压制模具精度影响，表面会有凹凸，并且在去除多余边料时，难免会对其他部分造成伤害，产生划痕；在粘接时，胶水过多，也会腐蚀表面，留下粘接痕迹。所以只有对表面进行一系列的处理，才有可能取得真实的材质、色彩效果。

1. 面的粗加工

　　面的粗加工可先选用锉齿较大的锉，快速地去除多余的边料，修整表面的起伏、边、角，然后用锉齿较小的锉，进行较精细的加工，或可用美工刀片等进行刮磨保证表面的平整。

2. 上腻子

　　上腻子是对材料表面的低凹处，转角粘接的缝隙处进行填补。常用的腻子有原子灰，是一种汽车修补的专用材料，与固化剂按一定比例调配使用，凝固快、质地细腻、易打碎。此外，用石膏或滑石粉与油漆调制或将 ABS 粉末用氯仿、丙酮浸泡，也可成为腻子。

3. 打磨

　　打磨是对材料表面进行细致的加工，将表面的锉痕、胶印、腻子填补处等进行打磨，使产品模型表面光滑、光洁。根据打磨的精度去选用不同目数的砂纸，目数越细，打磨表面就越光滑。

6.1.4 喷漆

即统一表面的色彩，遮盖修补的痕迹，可将不同色彩的油漆按比例掺入稀料进行调制，利用气泵、喷枪进行喷涂，也可选用各色的自动喷灌。喷漆时表面一定要保证光洁，不含杂质、灰尘，否则会影响表面的效果。塑料制品，在水砂纸打磨之后，一定要将表面的水分擦干，否则喷漆后漆不能附着于物体表面，产生暴皮现象。因为喷漆工艺主要依靠一定的气压差将油漆颗粒均匀地散布于物体表面，因此对一些较小的零件应用双面胶固定，以防被压力气吹跑。喷涂时喷嘴与物体表面要保持一定的距离，均匀的喷涂，第一遍先将表面薄薄地罩上一层漆，待干后再喷第二遍，喷漆不能急于求成，一次性喷漆过多，会造成油漆堆积、流动，并且必须等油漆干后方可移动，否则会在油漆表面留下指纹，影响最终效果。某些喷涂技法可以使物体表面产生特殊的肌理效果。例如用罐漆喷涂，可对按钮施以较小的力量，此时喷出的油漆颗粒较粗大，星星点点布于喷涂表面，待第一遍干后，再喷第二遍、第三遍，可使后喷的漆点叠盖第一遍的漆点，形成微小的麻点状起伏，效果近似电火花。

6.1.5 抛光

即对产品模型表面进行极精细的研磨。例如有机玻璃，需要其表面有较高的光洁度，通过在其表面涂抹抛光膏，然后用布轮进行抛光，可以产生非常高的光洁度和透明度。有机玻璃有时可用细砂纸打磨，产生磨砂的亚光效果。

6.1.6 表面效果文字指示制作

产品表面的文字对整体效果将起到点睛作用，字体的变化、字体的大小、色彩以及位置都应经过仔细斟酌、推敲。技术可以采用丝网印刷、电脑刻字粘贴等手段。现在有许多刮字贴，可根据需要进行选择，也非常方便。

6.2 油泥制作的表现模型

模型制作有很多的制作方式可供选择，而选择油泥模型制作是做汽车造型设计、摩托车造型设计、大型交通机具设计等曲面复杂产品模型的首要选择。这是由油泥本身具有的特点所决定的。首先，汽车类产品外形相对复杂，它由许多光滑的曲面组合而成，这要求一种可以灵活生成各种曲面的制作方法。相对于其他方法，油泥可以方便地被刮切成任意的形态，非常适合表现汽车曲面。其次，汽车类外形设计常常有反复的过程，要对模型做反复的推敲修改，这需要模型本身具有可塑性。而油泥模型的特点恰好符合这样的要求：和普通泥不一样，油泥经过加温，硬度会迅速降低，得到相当好的柔软性，特别适合重塑；温度回落，其硬度又很快恢复，适合细节的刻画。这个过程还可以多次反复，丝毫不影响油泥本身的质量。再次，汽车外形设计对表面质感的光滑要求极高，普通泥的表面无法达到那样的光滑度，而油泥质感细腻光滑，符合近乎严酷的表面要求。从制作时间上来看，油泥模型也是比较快捷的一种。

汽车类产品油泥模型有许多规格。以设计期的模型而言，通常有 1：1、1：4、1：5 等比例的模型。其制作方法也略有不同。一般来说设计前期采用小比例的模型，后期采用 1：1 的模型。下面，以范例说明油泥模型制作的基本步骤。

1. 准备工具

常用工具有工作台、油泥直刃刮刀、油泥弧刃刮刀、油泥三角刮刀、蛋形刮刀、环形刮刀、刮片、测量仪器、模板、金属膜及贴膜工具，如图 6-7 所示。

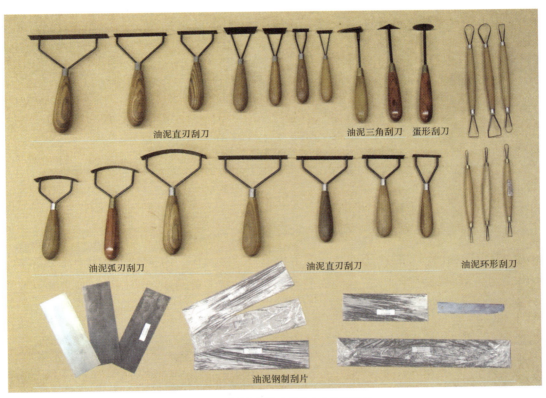

图 6-7 种类和规格众多的专业油泥工具

制作油泥的工具非常多，可以选择非常专业但是昂贵的工具，但很多工具是模型师自己设计制作的；同学们也可以根据自己的需要，做出自己好用的工具，如图 6-8 所示。

图 6-8 使用钢锯条磨制的油泥刮刀

2. 绘制产品三视图

准备绘制产品三视图，如果是自己设计的产品，需要先确定长、宽、高，然后按比例画三视图；如果做已定案的设计模型，可按确定的比例直接绘制，一般按 1 ：10 或者 1 ：5 的比例制作，如图6-9 所示。

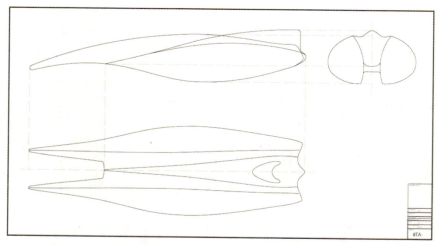

图 6-9　按照制图规范绘制的模型三视图

3. 制作中子

所谓中子就是油泥模型的内核，中子的尺寸一般是在模型表面下 1 ~ 2cm 处，也就是视图内的 1 ~ 2cm 处，中子一般使用较易加工的高密度苯板或挤塑板制作，内核不好会使油泥粘敷不牢，严重的会导致做好的模型裂开。用细木工板制作底板，底板的尺寸应与中子的尺寸匹配，并根据模型的形态和尺寸决定，如图 6-10 所示。

（a）

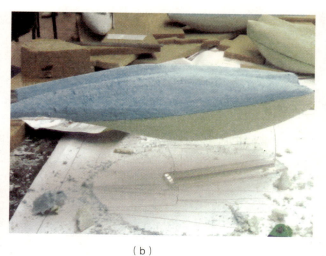

（b）

图 6-10　使用挤塑板根据三视图制作的模型中子

4. 制作模型中心卡板

根据三视图的数据，以模型的中心线为基准，X 轴、Y 轴、Z 轴各一片，制作模型的中心卡板，它的用处就是制作模型的时候可以根据中心卡板，判断油泥的涂抹量是多或少，如图 6-11 和图 6-12 所示。

图 6-11　采用电脑雕刻的技术加工油泥模型的中心卡板

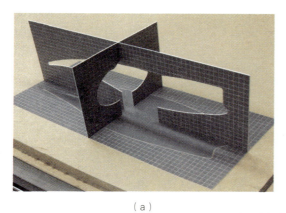

（a）

（b）

图 6-12　中心卡板与油泥模型的相互关系

5. 油泥粗敷

油泥粗敷是以三视图为基准，将烤软的油泥涂抹到中子上。制作过程中要在模型上画出中心线，以确保左右对称；特别要注意的是涂敷的方法，一般使用大拇指向前推、食指向后刮的手法，两手要交替使用，分层涂敷，每层不要敷得过多，也不可把气体敷进去，以免油泥起层和脱落，如图 6-13 和图 6-14 所示。

（a）

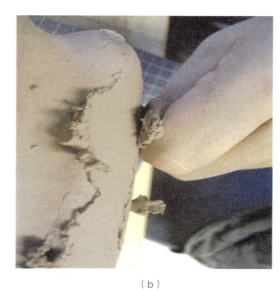

（b）

图 6-13　油泥粗敷的基本手法

图 6-14　粗敷完成的油泥模型效果

6. 粗刮

粗敷好油泥后就开始粗刮，依据设计形态，将整个形体大致轮廓刮出来，用到的工具有弧刃刮刀、直角刮刀、刮锯等，如图 6-15 所示。

图 6-15　使用弧刃刮刀的粗齿刃面进行双向交叉刮削的效果

7. 细刮

粗刮完成后进行细刮，用到的工具有弧面刮刀的光刃面、三角刮刀、蛋形刮刀等，这一阶段需要注意和设计图的对照，在细刮完成一个面的边缘粘贴胶带作为辅助线，便于修整面与面之间的线形关系。完成大的基本面即可，细节部分暂且不用处理，如图 6-16 和图 6-17 所示。

图 6-16 使用蛋形刮刀与遮挡胶带可以满足内曲面形态的面与线的刮削需求

图 6-17 分别使用各种形状的刮刀可满足不同形态的面与线的刮削需求

8. 精刮

使用刮片对模型的精刮，要把各个面刮到位，要达到一定的光顺度，正确使用刮片很重要，如图 6-18 所示。

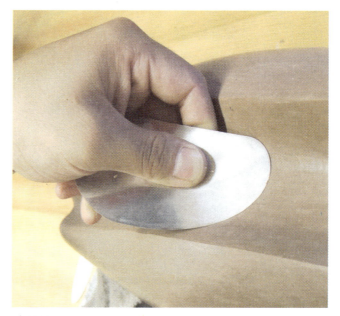

图 6-18 精刮

9. 细节部分

做出模型的细节部分，主要是一些凹槽和工装缝，如窗边框、进气口、牌照槽、侧边槽等，如图 6-19 和图 6-20 所示。

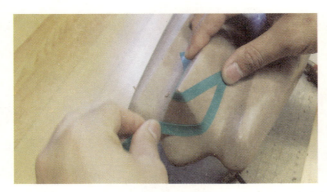

图 6-19　围绕要制作的细节轮廓粘贴胶带，并选择合适的刀具进行细节加工

图 6-20　油泥细节处理

10. 修整

完成以上各步骤后，再对模型做整体的修整，该油泥模型形体塑造即告完成，如图 6-21。

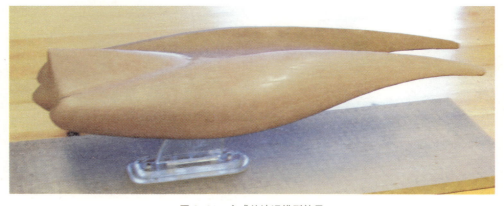

图 6-21　完成的油泥模型效果
（作者：胡海权、焦宏伟、姜楠）

6.3 模型塑造实例

本阶段油泥形体塑造完成后，基本可以评价设计的优劣了。如果需要更真实地反映设计的质感，就需要为油泥模型敷上专业的漆膜，下面简要举例说明。

1. 把漆膜按用量裁好，浸泡到温水中，使漆膜的胶面融化开，有利于粘贴，如图 6-22 所示。

图 6-22　泡好的漆膜

2. 先在模型上喷一些温水然后把专用的薄膜贴在上面，再用橡胶刮片将其刮平，要保证每个面贴一张完整的膜。专业薄膜有银色、镀铬、黑色、灰色等多种，可模拟不同的材质效果，如图 6-23 所示。

图 6-23　贴在模型上的漆膜

3. 按设计图纸把多余的部分裁切掉，得到想要的结果，如图 6-24 所示。

在变化丰富的表面如何贴膜呢？在面与面的接缝处贴上细胶带，即可遮挡贴膜的缝隙，又可作为产品的工装缝，如图 6-25 ～图 6-27 所示。

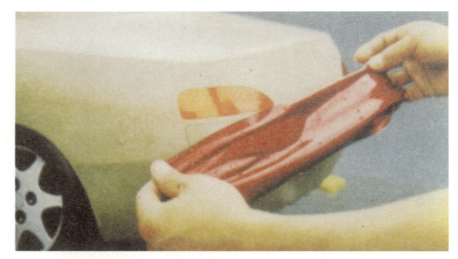

图 6-24　完成的漆膜贴制效果
（选自山田泰里先生的《CLAY MODELING》）

图 6-25　在胶带的分割区域下，可作为单独的漆膜贴面区域
（作者：胡海权）

图 6-26　在胶带的分割区域下，做局部贴膜
（作者：胡海权）

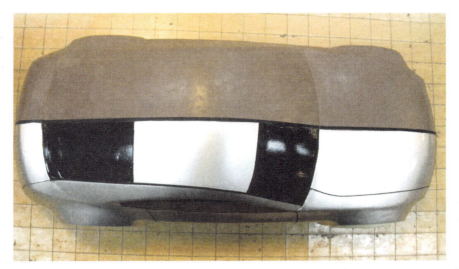

图 6-27 完成贴膜后的油泥模型案例，与贴膜前比较，更具真实感，更易评价
（作者：胡海权）

本章练习与思考题

1. 思考 ABS 制作的样机模型的特点和技术要领。
2. 油泥制作的表现模型适合表现哪类产品？

第7章
Chapter 7

设备辅助快速成型

随着设计对象复杂程度的提高，随着提高模型制作效率、缩短设计周期和提高一次成功率的并行工程的实施，采用在三维 CAD 基础上产生和发展起来的快速成型（RP）技术，显得尤为重要。快速成型技术，又称实体自由成型技术，即 Rapid Prototyping，简称 RP 技术。CAD 技术和 RP 技术的结合为设计师带来全新的模型技术解决方案。

RP 技术是一项 20 世纪 80 年代后期由工业发达国家率先开发的新技术，其主要技术特征是成型的快捷性，能自动、快捷、精确地将设计思想转变成具有一定功能的产品原型或直接制造零部件。该项技术不仅能缩短产品研制开发周期，减少产品研制开发费用，而且对迅速响应市场需求，提高企业核心竞争力具有重要作用。

7.1　快速成型技术的基本原理

快速成型（RP）一般来讲是属于堆积成型，通过离散的区域得到堆积的约束、路径及方法，通过材料叠加堆积而形成三维实体模型。快速成型技术（RPT）将 CAD、CAM、CNC、伺服反馈技术、光电子技术、新材料等技术集于一体，依据 CAD 系统构建的三维模型，进行分层切片处理，得到各层切面的轮廓。得到的轮廓再作为原始加工数据，激光束按照相应的轮廓切割一层一层的粉末材料（或固化的一层一层液态树脂，或一层一层的纸料）。也可以是喷头按照轮廓喷射一层一层的黏接剂或热熔材料（如塑料），从而形成各个切面并逐步累加得到三维模型的产品。它将复杂的三维加工简化成若干二维平面加工的组合。

根据材料的分离形式把快速成型分为以下两类。

（1）材料去除成型。

多余的材料（工艺余料）从基体上分离出去从而得到想要加工的模型形状，它是当前的主要加工方式，也是用得最为广泛的加工方法。

（2）材料堆积成型。

将材料通过合理的工艺方法堆积出想要加工模型。该模型的堆积过程是在计算机的控制下完成的，因此成型的模型形状在理论上可以任意复杂。

7.2　快速成型常用的软件介绍

由于快速成型要求在加工前，计算机上要有三维的数字化模型，可供切片处理。因此对于快速成型的 CAD 系统都要求有较强的三维处理能力。三维模型的处理能力主要在两个方面上的应用：三维实体造型（Solid Modeling）和表面造型（Surface Modeling）功能，后者对构造复杂的自由曲面有重要作用。快速成型常用的有如下软件：Pro/Engineer、Autocad、Unigraphics、Catia、Soldworks、Rhino 等，我们通常将上述软件的 CAD 模型导出以下文件格式。

（1）IGES/IGS（International Graphics Exchange Standard）。

它是最老的一种标准，几乎被所有 CAD 软件供应商所采用的国际标准数据转换格式。但是，在 IGES 的发展过程中，出现了下属的分支，而且各个供应商对 IGES 的标准理解不同，往往会出现各个 CAD 系统的 IGES 文件标准的差异（如 IGES128、IGES126 等）。

（2）STEP（Standard for The Exchange of Product）。

这是一种近年来逐步国际标准化的标准，现在已被绝大多数软件供应商所采用。

（3）STL（Standard Template Library）。

它是目前快速成型中最常见的一种文件格式，也被大多数 CAD 供应商所采用。就像 CAE 软件中的网格划分，它是将 CAD 模型离散成若干小三角形的平面组合。该方法对几何体的描述依赖于三角形的划分，通常对于细部特征需要较密的三角形，因而对于微小的细部特征可能描述不到或不清楚，现代快速成型制造中，越来越多的专家学者试图用其他文件甚至专用软件来描述 CAD 的实物模型，以便于模型前处理：如模型拓扑优化、模型转换、模型的分割合并及模型的切片处理等，然后输出为 STL 格式的文件，如表 7-1 所示。

表 7-1　　　　　　　　　　　　　　　软件 STL 文件导出方法

软件名称	导 出 方 法
Alibre	File（文件）–> Export（输出）–> Save As（另存为，选择 .STL）–> 输入文件名 –>Save（保存）
AutoCAD	输出模型必须为三维实体，且 XYZ 坐标都为正值。在命令行输入命令 "Faceters"–> 设定 FACETRES 为 1 到 10 之间的一个值（1 为低精度，10 为高精度）–> 然后在命令行输入命令 "STLOUT" –> 选择实体 –> 选择 "Y"，输出二进制文件 –> 选择文件名
CADKey	从 Export（输出）中选择 Stereolithography（立体光刻）
I-DEAS	File（文件）–> Export（输出）–> Rapid Prototype File（快速成型文件）–> 选择输出的模型 –> Select Prototype Device（选择原型设备）–> SLA500.dat –> 设定 Absolute facet deviation（面片精度）为 0.000395 –> 选择 Binary（二进制）
Inventor	Save Copy As（另存复件为）–> 选择 STL 类型 –> 选择 Options（选项），设定为 High（高）
IronCAD	右键单击要输出的模型 –> Part Properties（零件属性）–> Rendering（渲染）–> 设定 Facet Surface Smoothing（三角面片平滑）为 150 –> File（文件）–> Export（输出）–> 选择 .STL
Mechanical Desktop	使用 AMSTLOUT 命令输出 STL 文件。 下面的命令行选项影响 STL 文件的质量，应设定为适当的值，以输出需要的文件。 1. Angular Tolerance（角度差）–> 设定相邻面片间的最大角度差值，默认 15 度，减小可以提高 STL 文件的精度。 2. Aspect Ratio（形状比例）–> 该参数控制三角面片的高 / 宽比。1 标志三角面片的高度不超过宽度。默认值为 0，忽略。 3. Surface Tolerance（表面精度）–> 控制三角面片的边与实际模型的最大误差。设定为 0.0000，将忽略该参数。 4. Vertex Spacing（顶点间距）–> 控制三角面片边的长度。默认值为 0.0000，忽略

续表

软件名称	导 出 方 法
ProE	1. File（文件）–> Export（输出）–> Model（模型） 2. 或者选择 File（文件）–> Save a Copy（另存一个附件）–> 选择 .STL 3. 设定弦高为 0。然后该值会被系统自动设定为可接受的最小值。 4. 设定 Angle Control（角度控制）为 1
ProE Wildfire	1. File（文件）–> Save a Copy（另存一个附件）–> Model（模型）–> 选择文件类型为 STL (*.stl) 2. 设定弦高为 0。然后该值会被系统自动设定为可接受的最小值。 3. 设定 Angle Control（角度控制）为 1
Rhino	File（文件）–> Save As（另存为 .STL）
SolidDesigner (Version 8.x)	File（文件）–> Save（保存）–> 选择文件类型为 STL
SolidDesigner (not sure of version)	File（文件）–> External（外部）–> Save STL（保存 STL）–> 选择 Binary（二进制）模式 –> 选择零件 –> 输入 0.001mm 作为 Max Deviation Distance（最大误差）
SolidEdge	1. File（文件）–> Save As（另存为）–> 选择文件类型为 STL 2. Options（选项） 　设定 Conversion Tolerance（转换误差）为 0.001in 或 0.0254mm 　设定 Surface Plane Angle（平面角度）为 45.00
SolidWorks	1. File（文件）–> Save As（另存为）–> 选择文件类型为 STL 2. Options（选项）–> Resolution（品质）–> Fine（良好）–> OK（确定）
Think3	File（文件）–> Save As（另存为）–> 选择文件类型为 STL
Unigraphics	1. File（文件）–> Export（输出）–> Rapid Prototyping（快速原型）–> 设定类型为 Binary（二进制） 2. 设定 Triangle Tolerance（三角误差）为 0.0025 　设定 Adjacency Tolerance（邻接误差）为 0.12 　设定 Auto Normal Gen（自动法向生成）为 On（开启） 　设定 Normal Display（法向显示）为 Off（关闭） 　设定 Triangle Display（三角显示）为 On（开启）

7.3　快速成型技术的模型成型方法及步骤

各种快速成型技术的成型方式虽有不同，但基本上都是按照以下 4 个步骤进行的。

1. 三维数据模型的生成

所有的快速成型的系统都是按照三维数字模型的形体信息进行分层加工的，三维数字模型的获得，由设计师使用三维建模设计软件根据产品的设计要求来创建，如图 7-1 所示。

2. 数据交换

三维数据模型与快速原型系统之间的数据交换，比较常用的标准交换数据的文件格式有 IGES、STEP 、STL 等。

3. 分层处理和路径设置

快速成型设计加工软件对三维模型的分层处理和加工路径设置，由于快速成型是按截面轮廓一层层加工，因此加工前必须以模型的 X、Y、Z 某一方向，按一定间隔进行分层处理，形成截面轮廓信息，各种快速成型加工软件都有分层处理功能，可自动生成一定间隔的层面信息，间隔的大小根据成型文件的精度和生产效率的要求选定，间隔越小，精度愈高，时间愈长。间隔的范围一般为 0.05~0.2mm 左右，在此取值下，能得到相当光滑的原型曲面，RP 设备可使用各种材料按三维模型的截面轮廓信息进行逐层实体制造，直到生成整个实体模型，如图 7-2 所示。

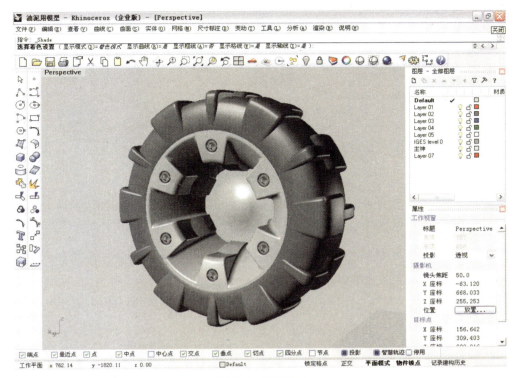

图 7-1　三维建模

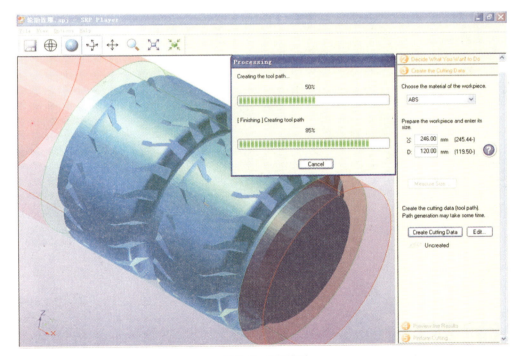

图 7-2　实体模型

4. 后期处理

设备进行加工及三维实体原型加工完成的后期处理，对于某些快速成型的材料来讲质地疏松的要浸胶进行加强和光滑处理，有些还要去除加工过程中形成的支撑部分，以及进行表面打磨、抛光、涂饰使之达到设计的质感和颜色，最终完成快速成型的制作，如图 7-3 所示。

图 7-3　完成成型图

　　这里需要说明的是设备辅助快速成型模型的出现，的确节省了时间、提升了模型制作的准确性、提升了效率。但它无法、也不可能完全替代手工制作的模型，因为在产品设计中，不仅要考察产品的外形、色彩效果，甚至要考察其手感；手工的制作能使制作者即设计师在制作的过程中，进行思考，而这种思考对于设计来讲，至关重要。就像在航空、航天器的设计中，没有因为三维 CAD 的采用而放弃采用空气动力学的"风洞"试验；同样，汽车工业中任一新车型开发过程中也不能不进行结构安全性的"碰撞"试验；尽管有十分详尽的军事地图，在大型战役的指挥中，"沙盘"仍是不可缺少的。

　　把设备的辅助成型技术与手工塑造结合起来，对于以后的塑造课程训练应该是研究的课题方向。这样既保证了效率与准确，也增强了手与脑对设计的参与性，如图 7-4 所示。

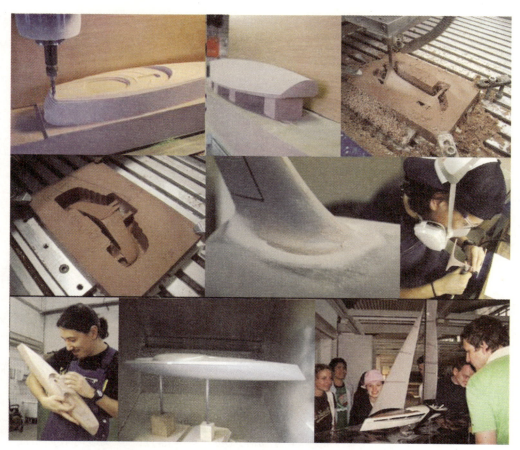

图 7-4　国外院校的一组设备辅助成型与手工塑造的相结合的过程图片
（图片来自网络）

本章练习与思考题

1. 了解并思考快速成型技术的基本原理。

2. 如何从常用的软件中把数据导入快速成型设备?

3. 哪类产品适合使用快速成型设备制作?

4. 对比快速成型设备制作模型与手工制作模型的优缺点?

第8章
Chapter8

工业设计模型塑造作业设置及范例

1. 课程的教学目标和要求

本课的目的是通过有步骤的塑造课题训练，首先要使学生掌握模型材料的特点及加工特性、模型工具的使用技巧、制作手段的技术和思维方法，更为重要的是要提升同学脑与手的协调造型能力，加强其设计的立体形态观念，从触觉这一层面上增强对设计的理解和再认识。

2. 教学重点与难点

本课重点是要使学生掌握工业设计模型塑造的材料运用技术要点、制作手段技术要点，增强学生的立体思考的能力，启发学生的空间想象能力和立体思考创新的意识，熟练掌握使用三维立体手段表现设计意图的能力。难点是如何培养学生对模型塑造的兴趣，启发其主动投入其中。

3. 教学对象

工业设计专业二年级本科生。

4. 教学方式

讲授、技术示范、讨论、实验训练。

5. 教学时数

126 学时。

6. 作业标准

（1）对模型材料和工具的特点有很好的掌握，技巧熟练运用自由。

（2）产品形态制作精准度好，形态表面平整、光滑、工艺良好。

（3）模型尺寸把握的比较好，工装合理，黏结平顺，视觉精度比较高。

（4）课后对模型塑造有了更深刻的体会。

7. 具体评分标准

一般以 3 分间隔作为分数段，60 分以下为不及格。具体参考如下几点。

（1）观察能力的提高程度。

（2）思维方式的改善程度。

（3）对产品模型塑造的基本要求的再认识程度。

（4）最终制作效果的程度。

（5）制作技巧的掌握程度。

8.1 ABS材料单体训练

8.1.1 作业简介

使用 ABS 或亚克力材料制作如下形体：①由平面构成的正方体；②由单曲面和平面构成的扇形体；③由双曲面构成的椭圆体。这几类形体基本能涵盖产品设计中所有面的因素，换句话说，是把产品的形态要素抽象成以上三个作业当中。通过这三个单体的课题训练，能基本掌握使用 ABS 等类似材料制作产品模型的技术和方法。

8.1.2 应注意的重点或难点

正方体作业的重点是黏结时面与面之间要垂直，每个面的正方形边长要相等，边与边要成90°。单曲面扇形体制作时应选择尽量薄的板材，这样便于制作。双曲面椭圆体制作时 ABS 加热压应快速，否则 ABS 容易变硬，不好塑造。

8.1.3 本训练课题教学时数：27学时

作业范例，如图8-1和图8-2所示。

图8-1　正方体与单曲面制作作业，产品形态制作精准度好，形态表面平整、光滑、工艺良好，模型尺寸把握的比较好

（鲁迅美术学院 02 级学生作业）

图 8-2　双曲面制作作业，形态压制完整、上下模吻合度好、黏接工艺良好、制作过程技术娴熟
（鲁迅美术学院 02 级学生作业）

8.2　ABS 材料组合体训练

本训练课题教学时数：36 学时。

8.2.1　作业简介

使用 ABS 或亚克力材料首先制作 8.1 作业的三个单体，再把这三个单体设计成一个组合体。这个作业要求：①需要对组合进行设计。②要有工装缝的表现。③要有 5 个孔洞和 5 个开槽的细节处理。通过这个组合体的课题训练，能进一步掌握使用 ABS 等类似材料制作产品模型的技术和方法。

8.2.2　应注意的重点或难点

组合体的设计重点要有美学考量，工装缝制作要借助辅助工具，5 个孔和 5 个开槽难点是制作工整，工艺良好，如图 8-3 和图 8-4 所示。

8.2.3　作业范例

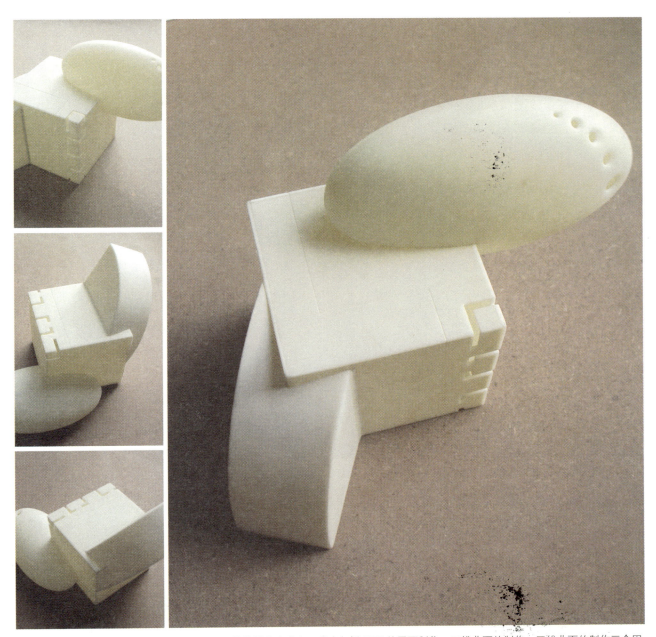

图 8-3　ABS 课题作业，本作业以 ABS 的制作特性为出发点，其中包括 ABS 的平面制作、二维曲面的制作、三维曲面的制作三个因素，还有在产品上的细节处理技巧，并通过一个抽象立体形态表达出来，有立体设计的因素，对同学的手脑协调应用有不少的启发。本作品各个因素表达精良，整体效果较好
（作者：王建超，指导教师：胡海权）

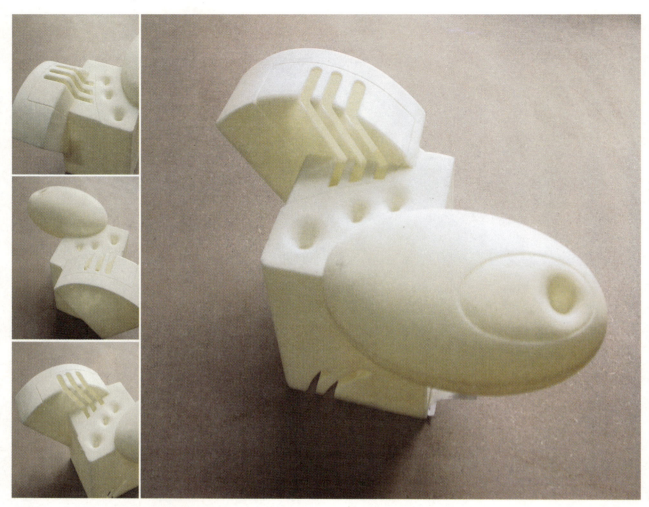

图 8-4　作业能反映出对课程课题的透彻理解。作业制作态度从始至终都比较认真，从课程开始到结束，业务水平有了很大的提升，
在制作过程中勤于思考，确立了自己独立思考的能力
（作者：吴伟斌，指导教师：胡海权）

8.3　密度板原型训练

本训练课题教学时数：36 学时。

8.3.1　作业简介

使用密度板材料制作一个自己设计的产品方案，采用直接的原型塑造的手法。这个作业要求：
①需要首先画好正确的三视图。②对设计方案进行制作前的分析，先做什么、后做什么、要达到什么
样的效果。③可以在制作中修改方案，通过这个课题训练，能掌握使用密度板等类似材料制作产品模
型的技术和方法，并提升对设计方案的再认识。

8.3.2　应注意的重点或难点

首先注意密度板的材质较软，制作过程中要考虑好以后再进行动作，避免"做过了"。完成大形塑
造后，使用细砂纸进行光滑处理时，注意面与面之间的线性，不要打磨模糊了。

8.3.3　作业范例

图 8-5　家用手电钻的密度板原型塑造。形体面和线顺畅，形体结构清晰，精致准确。制作过程中对方案进行调整的尺度把握良好，对原方案的设计品质提升较大
（作者：刘锐，指导教师：胡海权）

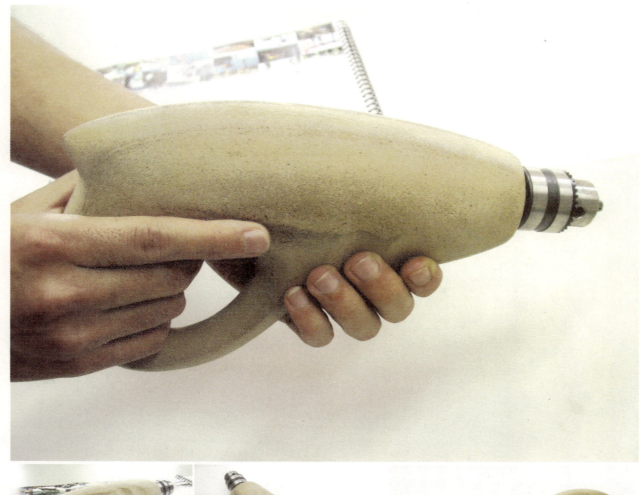

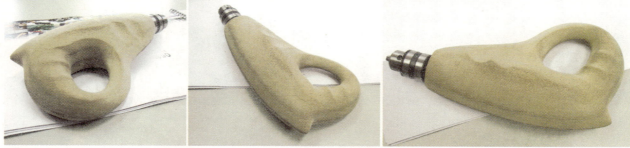

图 8-6　手电钻的密度板原型塑造。形体模型尺寸把握的比较好，塑造面平顺，结构清晰，视觉精度较高。制作过程中对方案进行调整的尺度把握良好，对原方案的设计品质提升较大
（作者：王海洋，指导教师：胡海权）

8.4　ABS 热压成型训练

本训练课题教学时数：54 学时。

8.4.1　作业简介

首先要求使用密度板材料制作一个原型作为压模的模具，采用 ABS 板材加热到 120℃使板材变软，使用热压成型的塑造手法制作作业。这个作业要求：①类似密度板材料强度的压模用的模具的制作要

精良。②要求压制 ABS 一次成型，不做多余的修补。③拼接 ABS 的接缝要平顺，工装缝要均匀。通过这个课题训练，能掌握使用 ABS 等类似材料制作产品模型的技术和方法。

8.4.2　应注意的重点或难点

注意 ABS 不要烤制太过，温度太高 ABS 内部会产生气泡，不利于模型制作。压制过程最好是多人配合，有利于压制一次成功。打磨 ABS 的表面最好采用水磨砂纸在水中进行，有利于生成更光滑的面。

8.4.3　作业范例

图 8-7　本课题为密度板原型塑造与 ABS 热压成型。本作品为鼠标，密度板原型制作表面光顺工整，ABS 压制完美，基本没有修补，尤其工装缝制作均匀、合理

（作者：孙莹，指导教师：胡海权）

图8-8　鼠标的 ABS 热压成型作业。密度板原型制作表面光顺工整，ABS 压制完美，基本没有修补，工装缝制作均匀、合理。整个制作过程规划合理，有条不紊

（作者：考贝贝，指导教师：胡海权）

8.5　多种材料的结合成型训练

本训练课题教学时数：72学时。

8.5.1　作业简介

首先需选择一个要表达的设计作品。这个设计作品要求使用两种以上的材料来结合表达。但材料可自选，制作方法可自选。本课题力求在一定的时间内，使同学们掌握不同特性的模型材料及用法，

进一步确立学生模型塑造的规划概念。

8.5.2　应注意的重点或难点

难点是不同材料的结合部的设计与制作，不同材料之间结合技术也不同，需要学生在实践中总结和归纳。

8.5.3　作业范例

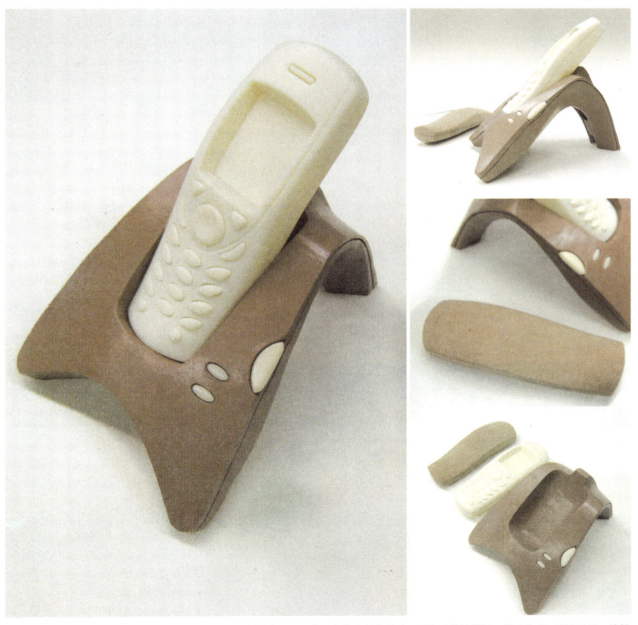

图 8-9　油泥、密度板原型、ABS 热压成型、多材料结合课题训练。本作品制作精致，形体对称性很好、尺寸准确、表面光顺、线性连贯，各种材料运用恰到好处
（作者：张真，指导教师：焦宏伟）

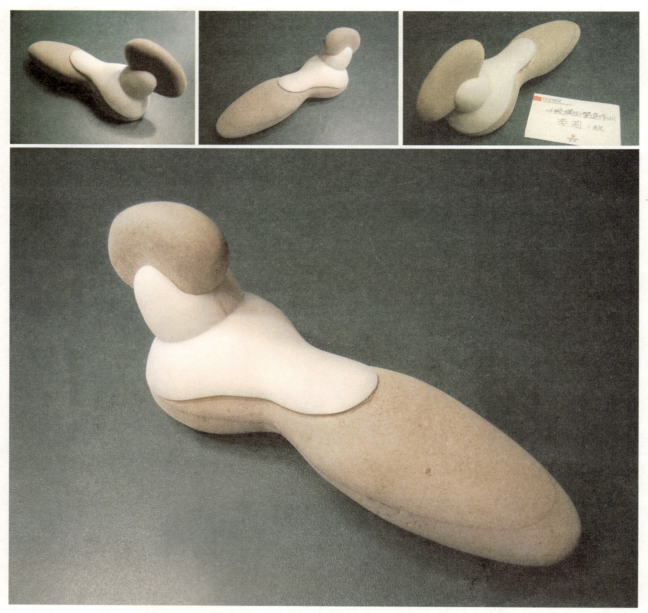

图8-10　密度板与ABS两种材料结合课题。产品形态制作精准度好，表面平整、光滑、工艺良好
（作者：李闯，指导教师：胡海权）

8.6　油泥成型训练

本训练课题教学时数：72学时。

8.6.1　作业简介

首先需选择一个要表达的设计作品。使用油泥材料、交通工具油泥模型的制作规范来表达设计作品。作业要求：①制作尺寸不超过800mm；②选择的设计作品难度适中，不简单也不复杂，能很好地展示油泥塑造的各种技巧即可。

8.6.2　应注意的重点或难点

　　重点是如何掌握好油泥的软硬度，并依据其软硬度进行顺畅的面形塑造。还有掌握专业的油泥工具的用法也是重点之一。难点是培养学生使用视觉的观察方法。

8.6.3　作业范例

图8-11　概念摩托车的油泥塑造。本作品制作难度较大，形体较复杂，但作者处理较好，左右对称性也不错、线性清晰顺畅、精致准确

（作者：孔英，指导教师：胡海权）

图 8-12　概念轿车的油泥塑造。本作品的形态还是较复杂的。制作难度相对较大，作者在制作过程中，规划有序，有步骤，有秩序。
作品左右对称性好、线性清晰、形态精致准确
（作者：梁倩，指导教师：胡海权）

8.7　综合成型训练

本训练课题教学时数：90 学时。

8.7.1　作业简介

本作业需要表达一个设计作品，这个作品需参加评审、展览等，所以它应展示出该设计作品的最终

效果，包括质感、色彩等。使用多种材料、多种制作技术（当然也包括快速成型技术）来表达设计作品。

8.7.2　应注意的重点或难点

重点是如何作出模型制作的规划，包括什么部件用什么材料，什么部件使用什么技术，先做什么后做什么。难点是培养学生多种方法、多种工艺的结合使用。

8.7.3　作业范例

图 8-13　小型概念挖掘机的综合模型塑造。前期设计的部件使用 CNC 雕刻机完成，后期手工精修、打磨、喷漆、组装。本作品制作工整，能很好地表达设计的初衷，制作精良

（作者：董雯静，指导教师：胡海权）

图 8-14　概念跑车的综合模型塑造。车身主体、车轮部分采用 CNC 雕刻技术完成，内饰座椅 ABS 直接原型塑造、打磨、喷漆。后期
整体打磨喷漆。本作品制作规划秩序性好，制作过程有条不紊，最后视觉感受精良
（作者：吕源，指导教师：杜海滨 ）

图 8-15　概念重卡的综合模型塑造。本作品制作过程计划制定周全，实验室 CNC 制作车体的同时开展内饰的手工 ABS 制作。最后整体打磨、装配、喷漆。作业最终视觉效果精良，很好地展示了设计
（作者：刘勃峥，指导教师：杜海滨）

参考文献

［1］［日］山田泰里 .Clay Modeling : Techniques For Giving Three-dimensional Form to Idea. 东京：三荣书房株式会社 .2006.

［2］复合材料成型技术 . 黄家康，岳红军，董永祺 . 北京：化学工业出版社 .2002.

［3］钳工入门 . 邱言龙，陈玉华 . 北京：机械工业出版社 .2002.